能源与动力工程
测量技术及实验教程

许亚敏　编著

上海交通大学出版社
SHANGHAI JIAO TONG UNIVERSITY PRESS

内容提要

本书是面向能源与动力工程、机械工程、环境工程和其他相关专业的实验教材,是作者在长期教学实践积累的基础上,经过不断修改和完善而编写完成的。主要内容包括误差及数据处理相关理论、热能工程常用参数的测量技术(温度、压力、流量、速度)、工程热力学系列实验、传热学系列实验和燃烧学系列实验。

本书可作为能源动力类相关专业本科生实验指导教材,也可为从事能源动力相关专业的教学、科研及技术人员提供参考。

图书在版编目 (CIP) 数据

能源与动力工程测量技术及实验教程 / 许亚敏编著.
上海 : 上海交通大学出版社,2024. 10 -- ISBN 978 - 7 - 313 -
31859 - 6

Ⅰ. TK - 33

中国国家版本馆 CIP 数据核字第 202473LA89 号

能源与动力工程测量技术及实验教程

NENGYUAN YU DONGLI GONGCHENG CELIANG JISHU JI SHIYAN JIAOCHENG

编　　著:许亚敏
出版发行:上海交通大学出版社　　　　　　　地　　址:上海市番禺路 951 号
邮政编码:200030　　　　　　　　　　　　　电　　话:021 - 64071208
印　　制:上海景条印刷有限公司　　　　　　经　　销:全国新华书店
开　　本:710 mm×1000 mm　1/16　　　　　印　　张:12
字　　数:200 千字
版　　次:2024 年 10 月第 1 版　　　　　　　印　　次:2024 年 10 月第 1 次印刷
书　　号:ISBN 978 - 7 - 313 - 31859 - 6
定　　价:49.00 元

前言

专业实验是专业知识体系中的重要组成部分,可为巩固加深理解课堂教学内容、培养学生动手实践能力、深入贯通专业知识和从事科学研究奠定基础。为适应教学改革不断深入的需求,作者在多年实践教学和实验研究的基础上,编写了与能源和动力工程专业课程相配套的实验教材。

本书共有 8 章,主要分为 3 个部分,包括实验基础理论、热工参数测量技术,以及工程热力学、传热学等教学实验。本书内容全面,可满足能源动力类实验教学的基本需求,且每章设有思考题,有助于学生进一步掌握教学内容。书中很多实验是在参考国外一流大学教学实验的基础上自主开发的,具有先进性和创新性,可对国内的实验教学起示范引领作用。同时,实验按基础型、综合型、应用型和拓展型进行了分类,以满足不同层次学生的需求。

本书在上海交通大学机械与动力工程学院课程实验指导书的基础上编写完成,同时参考了部分测试与测量技术相关文献。感谢为本书编写提供帮助的各位老师与同学。

由于编者水平有限,书中若有不妥与疏漏之处,恳请各位读者不吝赐教指正。

编者
2024 年 8 月

目录

第1章
实验数据处理基础

任何科学研究和工程实践都离不开测量和实验。由于实验方法和实验设备的不完善,周围环境及各种人为因素的影响,测量所得的数据和被测量的真值之间,不可避免地存在差异,这种差异在数值上即为误差。随着科学技术的日益发展和人们认识水平的不断提高,虽然可将误差控制得越来越小,但终究不能完全消除它,误差始终存在于一切科学试验和测量过程中。然而,误差的大小直接影响实验数据的可信赖性。因此,需要掌握误差理论知识,具备认识误差性质、分析误差产生的原因、减小和控制误差以及评定最终结果的能力,从而减小和控制误差对实验研究的影响。此外,如何对所得的实验数据进行科学的处理和分析,从而便于分析和发现数据的规律性,找出物理量之间的函数关系,也是实验者需要具备的基本技能。

1.1　误差的基本概念

本节主要介绍误差的定义、来源、分类,以及测量精度。

1.1.1　误差的定义和表示法

对被测量进行测量时,从测量仪器上得到的数值称为测量值,被测量在一定条件下客观真实存在的数值称为被测量的真值。误差即是测量值与真值之间的差。

所谓真值是指在观测一个量时,该量本身所具有的真实大小。然而,通常情况下,真值只是一个理想的概念,一般是不知道的。为了使用上的需要,在实际测量中,常用被测量的实际值来代替真值,实际值的定义是满足规定精确度的用来代替真值使用的量值。例如,在检定工作中,把高一等级测量标准所测得的量值称为实际值。在 7.1 节"热电偶的制作及校验实验"中,将用到实际值的概念。

测量误差有绝对误差和相对误差 2 种表达方式。

(1)绝对误差:某量值的测得值和真值之差为绝对误差,即绝对误差=测量值-真值。绝对误差可以是正值,也可以是负值。

(2)相对误差:绝对误差与被测量的真值之比值称为相对误差。相对误差通常以分数(单位为%)来表示。

对于相同的被测量,绝对误差可以评定其测量精度的高低,但对于不同的被测量及不同的物理量,用相对误差来评定较为确切。例如,对于温差的测量,2个测量值分别为(10±1)℃和(50±1)℃,它们的绝对误差均为±1 ℃,但相对误差分别为 10%和 2%。

1.1.2　误差来源

在测量过程中,误差产生的原因可归纳为以下几种。

(1)仪器误差:由于仪器本身的缺陷或没有按规定条件使用仪器而造成的误差。如仪器的零点不准,仪器未调整好,外界环境(光线、温度、湿度、电磁场等)对测量仪器的影响所产生的误差。

(2)理论误差(方法误差):由于测量所依据的理论公式本身的近似性,或实验条件不能达到理论公式所规定的要求,或者是实验方法本身不完善所带来的误差。例如传热学实验中没有考虑散热所导致的热量损失,伏安法测电阻时没有考虑电表内阻对实验结果的影响等。

(3)操作误差:由于观测者个人感官和运动器官的反应或习惯不同而产生的误差,它因人而异,并与观测者当时的精神状态有关。

(4)纯度误差:由于所使用的试剂不纯,或研究对象材料不纯,或对象材质不均匀等而引起的测定结果与实际结果之间的偏差。

在计算测量结果的精度时,对误差的来源必须进行全面的分析,特别要注意对误差影响较大的因素。

1.1.3　误差分类

根据误差的性质和来源,误差可分为系统误差、随机误差和粗大误差。

1）系统误差

在同一条件下（相同的仪器、环境、方法、人员），对同一被测量进行多次测量，出现某种保持恒定或按一定规律变化的误差称为系统误差。系统误差具有重复性、单向性和可测性。在实验过程中，应根据具体的实验条件和系统误差的特点，找出产生系统误差的主要原因，采取适当措施降低其影响。如果能设法测定出其大小，那么系统误差可以通过校正的方法予以减少或消除。系统误差是定量分析中误差的主要来源。

系统误差有些是定值的，如仪器的零点不准；有些是积累性的，如用受热膨胀的钢质米尺测量时，读数就小于其真实长度。

需要注意的是，系统误差总是使测量结果偏向一边，或者偏大，或者偏小。因此，多次测量求平均值并不能消除系统误差。

2）随机误差

随机误差也称为偶然误差或不可测误差，是指在相同的测量条件下，由于各种不可预测的偶然因素对同一物理量进行多次测量时，绝对值和符号以不可预定方式变化的误差。在单次测量中随机误差无规律可循，但在相同测量条件下，多次重复测量同一被测量时，随机误差的概率密度通常呈现正态分布规律。

随机误差具有不确定性、无序性和不可预测性，通常由随机变量引起，如空气扰动、温度波动等。

3）粗大误差

在相同测量条件下，多次测量同一被测量时，明显偏离测量结果的误差，称为粗大误差。此误差值较大，明显超过在正常条件下的系统误差和随机误差，也称为过失误差或异常误差，主要是由于一些不应有的错误造成的误差，如读数错误、记录错误等。粗大误差通常是由人为因素或设备故障等原因引起的，应予以剔除。含有粗大误差的测量值称为坏值，应予以舍弃。因此，进行实验时应专心、细致，提升操作技能，尽量减少或消除粗大误差。

1.1.4　测量精度

精度是测量值与真值的接近程度，它与测量误差相对应，是评价测量结果可信度的主要依据。通常，为了区分系统误差或随机误差或两者共同引起的误差，引入精密度、正确度、准确度的概念作为测量数据的精度。

（1）精密度：测量中所测得数值重现性的程度称为精密度。它反映的是测量结果中随机误差的影响程度。精密度高,表示随机误差小;精密度低,表示随机误差大。

（2）正确度:测量值与真值的偏移程度,称为正确度。它反映的是测量结果中系统误差的影响程度。正确度高,表示系统误差小;正确度低,表示系统误差大。

（3）准确度:精密度和正确度的综合反映。它反映了测量中所有系统误差和偶然误差综合的影响程度。其定量特征可用测量的不确定度来表示。

在一组测量中,精密度高的正确度不一定高,正确度高的精密度也不一定高,但准确度高,则精密度和正确度都高。

图 1-1 所示的打靶图可形象地说明精密度、正确度、准确度之间的关系。其中,靶心代表被测量的真值,小黑点表示每次的测量值。

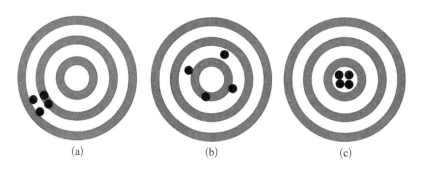

(a)   (b)   (c)

图 1-1 打靶图

（a）正确度低、精密度高;（b）正确度高、精密度低;（c）准确度高（精密度与正确度高）

1.2　直接测量值的处理

直接测量是指用测量精确程度较高的仪器直接得到测量结果的方法。它无须通过数学模型的计算,通过测量可直接得出结果,具有直观性和直接性。如使用压力表直接读取容器内部介质的压力,或利用温度计直接测量介质的温度,从而快速、准确地获取所需数据。直接测量值的处理分以下 3 种情况。

（1）直接测量值测试结果 x_0 表示为

$$x_0 = \bar{x} \pm \sigma_{\bar{x}} \tag{1-1}$$

式中,$\bar{x}$ 为最优概值,$\sigma_{\bar{x}}$ 为最优概值的标准误差。此时置信度（又称置信概率）

为 68.3%,即真值落在$[\bar{x}-\sigma_{\bar{x}}, \bar{x}+\sigma_{\bar{x}}]$区间的概率为 68.3%。

（2）直接测量值测试结果表示为

$$x_0 = \bar{x} \pm 2\sigma_{\bar{x}} \qquad (1-2)$$

此时,置信度为 95.5%。

（3）直接测量值测试结果表示为

$$x_0 = \bar{x} \pm 3\sigma_{\bar{x}} \qquad (1-3)$$

此时,置信度为 99.7%。

最优概值 $\bar{x}$ 的标准误差为

$$\sigma_{\bar{x}} = \frac{\sigma}{\sqrt{n}} \qquad (1-4)$$

σ 为测量列标准误差:

$$\sigma = \sqrt{\frac{\sum_{i=1}^{n} \upsilon_i^2}{n-1}} \qquad (1-5)$$

式中:$\upsilon_i = \sqrt{(x_i-\bar{x})^2}$,$n$ 为测量次数,最优概值 $\bar{x} = \sum_{i=1}^{n} x_i/n$。

1.3　间接测量值的处理

将一个被测量转化为若干可直接测量的量加以测量,再依据由定义或规律导出的关系式（即测量式）进行计算,从而间接获得测量结果的测量方法,称为间接测量。

间接测量的量是直接测量所得的各个测量量的函数,研究间接测量的误差就是研究函数误差。这涉及 3 个基本方面:① 已知函数关系和各个测量值的误差,求函数即间接测量值的误差;② 已知函数关系和规定的函数总误差,要求分配各个测量值的误差;③ 确定最佳的测量条件,即使函数误差达到最小值时的测量条件。

在间接测量中,一般为多元函数:

$$y = f(x_1, x_2, \cdots, x_n) \qquad (1-6)$$

式中：y 为间接测量值；x_i 为各个直接测量值。

绝对增量为

$$\mathrm{d}y = \frac{\partial f}{\partial x_1}\mathrm{d}x_1 + \frac{\partial f}{\partial x_2}\mathrm{d}x_2 + \cdots + \frac{\partial f}{\partial x_n}\mathrm{d}x_n \qquad (1-7)$$

相对增量为

$$\frac{\mathrm{d}y}{y} = \frac{\partial f}{\partial x_1}\frac{\mathrm{d}x_1}{y} + \frac{\partial f}{\partial x_2}\frac{\mathrm{d}x_2}{y} + \cdots + \frac{\partial f}{\partial x_n}\frac{\mathrm{d}x_n}{y} \qquad (1-8)$$

式中：$\mathrm{d}y$ 为函数误差；$\mathrm{d}x_i$ 为各个直接测量值的误差；$\dfrac{\partial f}{\partial x_i}$ 为各个误差的传递系数。

在间接测量中，用直接测量值的系统误差 Δx_1、Δx_2……Δx_n 代替式（1-7）中的 $\mathrm{d}x_1$、$\mathrm{d}x_2$……$\mathrm{d}x_n$，可近似得到函数的系统误差 Δy：

$$\Delta y = \frac{\partial f}{\partial x_1}\Delta x_1 + \frac{\partial f}{\partial x_2}\Delta x_2 + \cdots + \frac{\partial f}{\partial x_n}\Delta x_n \qquad (1-9)$$

$$\frac{\Delta y}{y} = \frac{\partial f}{\partial x_1}\frac{\Delta x_1}{y} + \frac{\partial f}{\partial x_2}\frac{\Delta x_2}{y} + \cdots + \frac{\partial f}{\partial x_n}\frac{\Delta x_n}{y} \qquad (1-10)$$

式（1-10）称为间接测量误差的传递函数，$\dfrac{\partial f}{\partial x_i}(i=1,\ 2,\ \cdots,\ n)$ 为误差传递系数。在某些情况下，函数关系比较简单，可利用下列公式直接计算函数系统误差。若函数关系为

$$y = x_1 \pm x_2 \pm \cdots \pm x_n \qquad (1-11)$$

则函数的系统误差为

$$\Delta y = \Delta x_1 \pm \Delta x_2 \pm \cdots \pm \Delta x_n \qquad (1-12)$$

式（1-11）与式（1-12）表明，当函数为各测量值的和或差时，函数系统误差为各测量值系统误差的和或差。

研究目标是函数 y 的标准误差 σ_y 与各测量值 x_1、x_2、$\cdots$、x_n 等的标准误差 σ_{x_i} 之间的关系，但以各测量值的随机误差 Δx_1、Δx_2……Δx_n 代替各微分 $\mathrm{d}x_1$、$\mathrm{d}x_2$……$\mathrm{d}x_n$，只能得到函数的偶然误差 Δy：

$$\Delta y = \frac{\partial f}{\partial x_1} \Delta x_1 + \frac{\partial f}{\partial x_2} \Delta x_2 + \cdots + \frac{\partial f}{\partial x_n} \Delta x_n \qquad (1-13)$$

因此，需要通过运算，求得函数的标准误差 σ_y。

设函数的一般形式为

$$y = f(x_1, x_2, \cdots, x_n) \qquad (1-14)$$

各个测量值皆进行了 m 次测量。如果对间接测量的测量列 $\{y_i\}$ 同直接测量一样定义它的测量列标准误差：

$$\sigma_y = \sqrt{\frac{\sum_{i=1}^{m} \eta_i^2}{m}} \qquad (1-15)$$

式中：$\eta_i = y_i - Y_0$，Y_0 为真值。

进一步推导可得

$$\sigma_y = \sqrt{\sum_{i=1}^{m} \left(\frac{\partial f}{\partial x_i}\right)^2 \sigma_{xi}^2} \qquad (1-16)$$

式中：$\frac{\partial f}{\partial x_i}$ 为误差传递系数；$\frac{\partial f}{\partial x_i} \sigma_{xi}$ 为自变量 x_i 的部分误差，记作 D_i。

式（1-16）可变为

$$\sigma_y = \sqrt{D_1^2 + D_2^2 + \cdots + D_n^2} = \sqrt{\sum_{i=1}^{n} D_i^2} \qquad (1-17)$$

用相对误差可表示为

$$\sigma_0 y = \frac{\sigma_y}{y} = \sqrt{\sum_{i=1}^{n} \left(\frac{D_i}{y}\right)^2} = \sqrt{\sum_{i=1}^{n} D_{0i}^2} \qquad (1-18)$$

在间接测量中，当给定了函数 y 的误差 σ_y，反过来求各个自变量的部分误差的允许值，以保证达到对已知函数的误差要求，这就是函数误差分配。误差分配是在保证函数误差在要求的范围内，根据各个自变量的误差来选择合适的仪表。误差分配的主要方法有按等作用原则分配误差、按可能性调整误差，以及验算调整后的总误差。

（1）按等作用原则分配误差，是指认为各个部分误差对函数误差的影响相

等,即:

$$D_1 = D_2 = \cdots = D_n = \frac{\sigma_y}{\sqrt{n}} \qquad (1-19)$$

$$\sigma_{xi} = \frac{\sigma_y}{\sqrt{n}} \cdot \frac{1}{\dfrac{\partial f}{\partial x_i}} \qquad (1-20)$$

如果各个直接测量值误差 σ_{xi} 满足式(1-20),则所得的函数误差不会超过允许的给定值。

(2) 按可能性调整误差,是指根据具体情况进行调整,适当扩大难以实现的误差项,尽可能缩小容易实现的误差项,而对其余各项不予调整,部分误差与传递系数成反比。

(3) 验算调整后的总误差,是指误差调整后,按误差分配公式计算总误差,若超出给定的允许误差范围,应选择可能缩小的误差项进行补偿。若发现实际总误差较小,可适当扩大难以实现的误差项。

1.4 实验数据处理的基本方法

实验数据处理是实验中不可或缺的一环,实验人员需对数据进行适当的处理和分析,找出测量对象的内在规律,给出正确的实验结果。以下是实验数据处理的基本方法。

1) 列表法

列表法是将实验数据和计算的中间数据依据一定的形式和顺序列成表格。这种方法的优点在于能够简单、明确地表示出物理量之间的对应关系,便于分析和发现数据的规律性,也有助于检查和发现实验中的问题。在列表时,需要注意以下几点:

(1) 表格设计要合理,便于记录、检查、运算和分析;

(2) 表格中涉及的各物理量,其符号、单位及量值的数量级均要表示清楚;

(3) 表中数据要正确反映测量结果的有效数字和不确定度;

(4) 表格要加上必要的说明,如实验条件、数据记录者等。

列入表中的数据主要应是原始数据,处理过程中一些重要的中间结果也应列入其中。

2）绘图法

绘图法是在坐标纸上用图线表示物理量之间的关系，揭示物理量之间的联系。绘图法具有简明、形象、直观、便于比较研究实验结果等优点。同时，绘图法也更易于发现测量中的错误。绘图法的基本规则包括如下几方面。

（1）根据函数关系选择适当的坐标纸（如直角坐标纸、对数坐标纸等）和比例，画出坐标轴，标明物理量符号、单位和刻度值，并且写明测试条件。

（2）描点和连线，使数据点均匀分布在曲线（或直线）的两侧，并且尽量贴近曲线。对于偏离曲线较远的点，应重新审核，属粗大误差的应剔去。

（3）标明图名，即在图纸下方或空白的明显位置处，写上图的名称、作者和绘图日期，有时还要附上简单的说明，如实验条件等。

3）图解法

图解法是通过对实验图线进行分析，找出物理量之间的函数关系或经验公式。在实验中，做出实验图线以后，可以由图线求出经验公式。如果图线是直线，则可以直接利用斜率截距法求出直线的方程。如果图线是非线性的，则可以通过适当的坐标变换（如取对数、倒数等）将其转化为线性关系，再用直线图解法处理。

（1）直接图解法确定直线方程。首先，在坐标系中选取直线上的两点，记为(x_1, y_1)和(x_2, y_2)，之后利用两点式方程。所取点的坐标值最好是整数值。所取两点在实验范围内应尽量分开，以减小误差，但一般不要取原实验点。

两点式方程是直线方程的一种形式，它基于直线上的两点求得直线方程。两点式方程为

$$\frac{y - y_1}{y_2 - y_1} = \frac{x - x_1}{x_2 - x_1} \tag{1-21}$$

这个方程表示了直线上任意一点(x, y)与已知两点之间的相对位置关系。

为了得到更一般的形式，可以将两点式方程转化为一般式$(Ax + By + C = 0)$，这通常通过交叉相乘和整理得到。

（2）非线性改为线性。在实际工作中，许多物理量之间的函数关系并非都为线性，经常需要将非线性关系转化为线性关系，以便分析和建模。以下是几种常用的方法。

① 对数变换：如果数据呈现指数增长或衰减的趋势，如 $y = ax^b$，可以通过对 x 或 y 取对数来线性化。例如，对 $y = ax^b$ 两边取对数得到 $\ln y = \ln a + b \ln x$，以 $\ln x$ 为横坐标、$\ln y$ 为纵坐标，绘制 $\ln x - \ln y$ 图即可得到一条直线，截距为 $\ln a$，斜率为 b。

② 倒数变换：对于某些非线性关系，如 $y = \dfrac{a}{x}$，可以通过对 x 或 y 取倒数来线性化。例如，对 $y = \dfrac{a}{x}$ 取倒数得到 $\dfrac{1}{y} = \dfrac{x}{a}$，这也是一个线性方程。

③ 多项式变换：对于多项式关系，如 $y = ax^2 + bx + c$，虽然不能直接线性化，但可以通过引入新的变量，如 $x' = x^2$，来将其转化为多元线性回归问题。因此，原式可以写为 $y = ax' + bx + c$，其中 x' 和 x 是新的自变量。

④ Box‑Cox 变换：Box‑Cox 变换是一种更通用的数据变换方法，用于将非线性关系转化为线性关系。它通过选择一个合适的参数 λ，对原始数据进行变换：

$$y^{(\lambda)} = \begin{cases} \dfrac{y^{\lambda} - 1}{\lambda}, & \lambda \neq 0 \\[2mm] \ln y, & \lambda = 0 \end{cases} \tag{1-22}$$

通过调整 λ 的值，可以找到一个使数据线性化的最佳变换。

⑤ 分段线性化：对于复杂的非线性关系，有时可以将其划分为多个区间，在每个区间内用线性关系近似，这种方法称为分段线性化。

通过这些方法，可以将非线性关系转化为线性关系，从而简化问题的分析和解决过程。

4）逐差法

逐差法是对等间距变化的物理量进行测量和数据处理的一种方法。在实验中，当物理量随某一变量等间距变化时，可以将数据按顺序对半分成两组，使两组对应项相减，从而消除一些随机误差的影响，提高数据处理的精度。逐差法的优点是充分利用了各测量量，而又不减少结果的有效数字位数。

例如，对某物理量进行测量，一组是 x_0、x_1、x_2、x_3，另一组是 x_4、x_5、x_6、x_7，求出对应项的差值 $\Delta x_1 = x_4 - x_0$、$\Delta x_2 = x_5 - x_1$……$\Delta x_4 = x_7 - x_3$，则该测量量的平均值为

$$\Delta \bar{x} = \frac{\Delta x_1 + \Delta x_2 + \Delta x_3 + \Delta x_4}{4} \tag{1-23}$$

这种方法即为逐差法,它具有充分利用数据、减小误差的优点,采用逐差法将保持多次测量的优越性。

5）最小二乘法

最小二乘法是一种数学优化技术,它通过最小化误差的平方和来寻找数据的最佳函数匹配。在实验数据处理中,最小二乘法常用于直线拟合或曲线拟合,以得到物理量之间的函数关系或经验公式。最小二乘法可以克服绘图法在绘制图线时可能引入的附加误差,提高数据处理的准确性和可靠性。

由最小二乘法所得的变量之间的函数关系称为回归方程,最小二乘法拟合亦称为最小二乘回归。最小二乘法线性拟合的原理是,若能找到一条最佳的拟合直线,那么该拟合直线上各点的值与相应的测量值之间的残差平方和在所有的拟合曲线中应该最小。

假设两个物理量之间满足线性关系,其函数形式可写为 $y = a + bx$。测得一组数据 $(x_i, y_i)(i = 1, 2, 3, \cdots, n)$。为了讨论方便,可认为 x_i 的值是准确的,而所有的误差都只与 y_i 有关。那么每次的测量值 y_i 与按方程 $y = a + bx_i$ 计算出的 y 值之间的偏差为

$$v_i = y_i - (a + bx_i) \tag{1-24}$$

根据最小二乘法原理,a、b 的取值应该使所有 y 方向偏差之和 S 为最小值。

$$S = \sum_{i=1}^{n} v_i^2 = \sum_{i=1}^{n} (y_i - a - bx_i)^2 \tag{1-25}$$

根据求极值的条件,可得

$$\begin{aligned}
\frac{\partial S}{\partial a} &= -2 \sum_{i=1}^{n} (y_i - a - bx_i) = 0 \\
\frac{\partial S}{\partial b} &= -2 \sum_{i=1}^{n} x_i (y_i - a - bx_i) = 0
\end{aligned} \tag{1-26}$$

整理后可得

$$na + (\sum_{i=1}^{n} x_i)b = \sum_{i=1}^{n} y_i \qquad (1-27)$$

若令 $\bar{x} = \dfrac{1}{n}\sum_{i=1}^{n} x_i$，$\bar{y} = \dfrac{1}{n}\sum_{i=1}^{n} y_i$，$\overline{x^2} = \dfrac{1}{n}\sum x_i^2$，$\overline{xy} = \dfrac{1}{n}\sum_{i=1}^{n} x_i y_i$，则有

$$a + \bar{x}b = \bar{y} \qquad (1-28)$$

$$\bar{x}a + \overline{x^2}b = \overline{xy} \qquad (1-29)$$

联立求解，得

$$a = \bar{y} - b\bar{x} \qquad (1-30)$$

$$b = \frac{\bar{x}\cdot\bar{y} - \overline{xy}}{(\bar{x})^2 - \overline{x^2}} \qquad (1-31)$$

由 a、b 所确定的方程 $y = a + bx$ 是由实验数据 (x_i, y_i) 所拟合出的最佳直线方程，即回归方程。

思考题

1. 误差的主要来源有哪些？
2. 测量误差有哪几类？各类误差的特点是什么？
3. 简述系统误差产生的原因及消除方法。
4. 最小二乘法的原理是什么？
5. 简述图解法的一般步骤。

第2章
温度测量

温度是人类接触最早,与人类生存关系最密切,却难以理解和不易测准的物理量。温度测量在科学研究、工业生产、医疗卫生、环境保护等众多领域具有重要意义。通过测量温度,我们可以了解物质的状态、化学反应和物理过程,从而掌握其变化规律,为科学研究提供数据支持。在工业生产中,温度测量可以帮助我们实现温度控制和自动化操作,提高产品质量和生产效率。在医学领域,温度测量对于疾病诊断和治疗方案的制定起着关键作用。在环境科学领域,温度测量可以帮助我们更好地理解自然界的运行规律,监测地球气候变化、自然灾害等。

2.1 温度测量基础与温标

温度是表征物体冷热程度的物理量,是国际单位制中 7 个基本物理量之一。温度在宏观上来讲建立在热平衡基础上,由热力学第零定律可知,两个系统分别与第三个系统处于热平衡,则这两个系统也处于热平衡,此时它们拥有共同的宏观性质——温度。温度在微观上讲是物体内部分子热运动激烈程度的标志,分子运动越剧烈,其温度表现得越高。

温度无法直接测量,只能通过测量某个参数的变化来间接测量。例如可以通过测量尺寸、密度、黏度、导电率、导热率、热容、热电势等参数的变化来间接测量温度。在进行测量参数的选择时,要注意被选择的物理量变化只与温度有关,并且与温度之间的关系简单,变化连续,同时要求测温介质能够迅速与被测介质达到热平衡,即具有良好的温度跟踪性。

温标(thermometric scale)是温度数值化的标尺,它规定了温度的读数起点(零点)和测量温度的基本单位。温标具有三要素:① 选定一种测温物质的性质;② 选取基准点;③ 确定分度法。这 3 种要素缺一不可。

目前,国际上常用的温标有摄氏温标、华氏温标、热力学温标和国际温标。

1) 摄氏温标和华氏温标

摄氏温标和华氏温标都是根据水银受热后体积膨胀的性质建立起来的,均为经验温标,测得的温度数值与温度计算采用的测温物质(纯水)的物理性质有关。

摄氏温标规定在标准大气压下,纯水冰点为 0 摄氏度,沸点为 100 摄氏度,中间等分成 100 格,每格为 1 摄氏度,单位记为℃。

华氏温标是将纯水的冰点规定为 32 华氏度,沸点为 212 华氏度,中间等分为 180 格,每格为 1 华氏度,单位记为℉。

华氏度与摄氏度之间的转换关系为

$$t_{℃} = \frac{5}{9}(t_{℉} - 32) \tag{2-1}$$

摄氏温标与华氏温标的三要素规定如表 2-1 所示。

表 2-1 摄氏温标与华氏温标

三 要 素	摄 氏 温 标	华 氏 温 标
测温物质	纯水	纯水
基准点(1 atm)	纯水冰熔点为 0 ℃ 纯水沸点为 100 ℃	纯水冰熔点为 32 ℉ 纯水沸点为 212 ℉
分度法	基准点间的 1/100	基准点间的 1/180

2) 热力学温标

热力学温标又称为开尔文温标,其单位为开尔文(符号为 K),规定分子运动停止时的温度为绝对零度。热力学温标建立在卡诺循环的基础上,根据卡诺定理:

$$\frac{Q_1}{Q_2} = \frac{T_1}{T_2} \tag{2-2}$$

式中：Q_1 为卡诺热机从高温热源 T_1 吸收的热量；Q_2 为卡诺热机向低温热源 T_2 放出的热量。

如果指定了一个参考点的温度数值，就可通过热量比求得未知温度。1954 年国际计量大会规定水的三相点为参考点，该点的温度为 273.16 K，相应的换热量为 $Q_参$，则未知温度 T_1 的计算公式如下：

$$T_1 = 273.16 \frac{Q}{Q_参} \tag{2-3}$$

式(2-3)与工质本身的种类和性质无关，因此通过此方法测得的温度也与测温物质的物理性质无关，所以热力学温标与摄氏温标、华氏温标相比避免了分度的"任意性"。

但是，理想的卡诺循环是不存在的，热力学温标只是一种理想温标，并且用气体温度计来实现热力学温标，设备复杂，价格昂贵。为了实用方便，需要建立能够用计算公式表示的温度，因此就产生了国际实用温标。

3）国际实用温标

1990 年国际温标(ITS-90)中指出，热力学温度(符号为 T，单位为 K)是基本物理量，并给出了国际热力学温度(符号为 T_{90}，单位为 K)和国际摄氏温度(符号为 t_{90}，单位为℃)的关系：

$$t_{90} = T_{90} - 273.15 \tag{2-4}$$

2.2 温度测量方法及测量仪表

温度测量方法及测量仪表多种多样，各有其特点和适用场景。在实际应用中，应根据具体需求和条件选择合适的测量方法和仪表。

2.2.1 温度测量方法

根据温度测量仪表是否与被测物体直接接触，温度测量方法分为接触式测温与非接触式测温，如表 2-2 所示。

表 2 - 2　接触式与非接触式测温的区别

测量方法	接 触 式	非接触式
含义	温度测量仪表与被测物体直接接触,实现温度测量	温度测量仪表不与被测物体接触,利用物体热辐射能随温度变化的原理测定物体温度
特点	测量热容量小的物体及移动物体有困难,可测量任何部位的温度,便于多点集中测量和自动控制	不改变被测介质的温度场,可测量移动物体,通常测量表面温度
测量条件	测量元件要与被测对象很好地接触,接触测温元件不能使被测对象的温度发生变化,有被腐蚀、氧化、还原、振动的问题	由被测对象发出的辐射能充分照射到检测元件,要准确知道被测对象的有效发射率,或者具有重现的可能性
测量范围	容易测量 1 000 ℃以下的温度,测量 1 200 ℃以上的温度有困难	可测量－30 ℃以上的温度
准确度	通常为 0.5%～1%,可达 0.01%	一般误差较大
响应速度	通常较慢,为 1～2 min,特殊结构可做到 10 s 左右	通常较快,为 2～3 s,迟缓的也小于 10 s

接触式测温可以分为膨胀式、压力表式、热电阻式及热电偶式。非接触式测温可以分为光学式、比色式及红外式。其测温范围及特点如表 2 - 3 所示。

表 2 - 3　测温方法分类

分　类			测温/℃	特　点
接触式	膨胀式	液体膨胀式	－200～700	结构简单,价格低廉,一般只作为就地测量
		固体膨胀式		
	压力表式	气压式	0～300	结构简单,具有防爆性,不怕振动,可近距离传送,准确度低,滞后性大
		液压式		
		蒸气式		

(续表)

分 类			测温/℃	特 点
接触式	热电阻式	金属热电阻	−200~850	准确度高,能远距离传送,适用于低、中温测量,体积大,测量点温困难
		半导体热敏电阻	−100~300	
	热电偶式		−200~1 600	能远距离传送,适用于中、高温测量,需冷端补偿
非接触式	光学式	单色光学高温计 光电高温计 全辐射高温计	600~2 000	适用于不能直接测量的场合,多用于高温测量,测量值需修正
	比色式	比色仪		
	红外式	全红外辐射仪 单红外辐射仪		

2.2.2 接触式测温仪表

本节对常用的几种接触式测温仪表进行详细的介绍,包括膨胀式温度计、热电偶、热电阻温度计。

2.2.2.1 膨胀式温度计

利用物质的热膨胀(体膨胀或线膨胀)性质与温度的物理关系制作的温度计称为膨胀式温度计。膨胀式温度计具有结构简单、使用方便、测温范围广、测温准确度较高、成本低廉等优点。在石油、化工、医疗卫生、制药、农业、气象和人工环境等工农业生产和科学研究的各个领域中有着广泛的应用。

膨胀式温度计可以分为液体膨胀式温度计(如玻璃液体温度计)、气体膨胀式(如压力式温度计)及固体膨胀式温度计(如双金属温度计)。

图 2-1 是两种常见的双金属温度计结构示意图。杆式双金属温度计主要由拉簧、杠杆、指针、基座、弹簧、自由端、外套、芯杆及固定端等部分组成,各部分协同工作以实现温度的测量。而螺旋式双金属温度计则包括指针、双金属片、自由端、金属保护管、表壳、传动机构、固定端及刻度盘等组件,这些组件共同构成了其测量温度的功能结构。

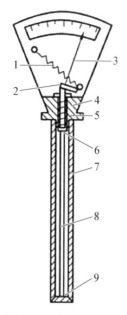

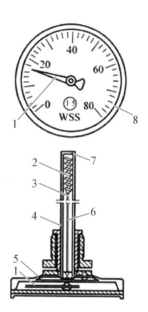

1—拉簧；2—杠杆；3—指针；
4—基座；5—弹簧；6—自由端；
7—外套；8—芯杆；9—固定端。

(a)

1—指针；2—双金属片；3—自由端；
4—金属保护管；5—表壳；6—传动机构；
7—固定端；8—刻度盘。

(b)

图 2 - 1　双金属温度计结构示意图

(a) 杆式双金属温度计；(b) 螺旋式双金属温度计

　　双金属温度计的测温原理是将膨胀系数不同的两种金属片焊接成一体作为感温元件，一端固定，另一端自由，温度变化时双金属片产生与被测温度大小存在成比例的变形，由于两种金属的线膨胀系数不同，双金属片发生弯曲变形，偏转角 α 反映了被测温度的大小，其原理如图 2 - 2 所示。

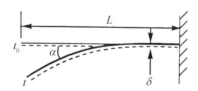

图 2 - 2　双金属温度计原理示意图

　　其中，偏转角 α 的计算公式为

$$\alpha = \frac{360}{\pi} K \frac{L(t-t_0)}{\delta} \qquad (2-5)$$

式中：K 为比弯曲，$℃^{-1}$；L 为双金属片的有效长度，mm；δ 为双金属片的总厚度，mm；t、t_0 分别为被测温度和初始温度，$℃$。

固体膨胀式温度计的测温材料除了用金属材料,还可选用石英、陶瓷等。

2.2.2.2　热电偶

热电偶是由两种不同金属导体(或半导体)组成的测温元件,基本原理是热电效应,是目前应用最广的测温元件,一般在工业上用于测量 500 ℃ 以上的高温,其常见外形如图 2-3 所示。热电偶将温度信号转换成电势信号,配以测量毫伏的仪表或变送器可以实现温度的测量或温度信号的转换。热电偶温度计具有性能稳定、复现性好、体积小、响应时间较短等优点。

图 2-3　工业中常用的热电偶

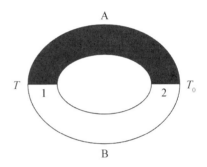

图 2-4　热电偶示意图

1) 热电偶的测温原理

如图 2-4 所示,两种不同的导体(或半导体)A、B 组成闭合回路。当 A、B 相接的两个接点温度不同时,在回路中产生的电势,称为热电势。闭合回路称为热电偶。导体 A 和 B 称为热电偶的热电极。在热电偶的两个接点中:置于被测介质(温度为 T)中的接点为工作端,称为热端;另一端(温度为 T_0)为参考端,称为冷端。

热电偶产生的热电势由两部分组成:接触电势和温差电势。

如图 2-5 所示,接触电势是指两种不同导体 A、B 接触时,由于材料不同,两者具有不同的电子密度,假设电子密度 $N_A > N_B$,则在接触面处产生自由电子扩散现象,从 A 到 B 扩散的电子数要比从 B 到 A 的多,导致 A 因失去电子而带正电荷,B 因得到电子而带负电荷。因而在 A、B 接触面上便形成一个从 A 到 B 的静电场 E_S,这个静

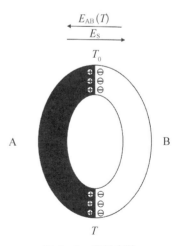

图 2-5　接触电势

电场将阻碍扩散作用的继续进行,同时加速电子向相反方向的转移。在一定温度下,从导体 A 扩散到导体 B 去的电子数等于从导体 B 向导体 A 转移的电子数时,就达到了动态平衡。此时,A、B 之间形成的电位差称为接触电势,用 $E_{AB}(T)$ 表示:

$$E_{AB}(T) = \frac{kT}{e} \ln \frac{N_A}{N_B} \tag{2-6}$$

式中:k 为玻尔兹曼常数,$k = 1.38 \times 10^{-23}$ J/K;e 为电子的电荷量,$e = 1.6 \times 10^{-19}$ C;$N_A(T)$、$N_B(T)$ 为材料 A、B 在温度 T 时的自由电子密度;T 为 A、B 接触点温度,K。

同理,另一接触点 T_0 处的接触电势 $E_{AB}(T_0)$ 为

$$E_{AB}(T_0) = \frac{kT_0}{e} \ln \frac{N_A}{N_B} \tag{2-7}$$

在电路中,总的接触电势为

$$E_{AB}(T) - E_{AB}(T_0) = \frac{k}{e}(T - T_0) \ln \frac{N_A}{N_B} \tag{2-8}$$

如图 2-6 所示,温差电势是指在同一导体内,由两端温度不同而产生的电势。设导体 A(或 B)两端温度分别为 T 和 T_0,并且 $T > T_0$。由于温度不同,自由电子所具有的能量也不同。温度高、能量大的自由电子往温度低的一端移动,使高温端带正电,低温端带负电,于是在 A(或 B)两端产生了一个从高温端到低温端的静电场 E_S。这个静电场 E_S 将吸引电子从温度低的一端移向温度高的一端,最后达到动态平衡。此时,在导体 A(或 B)两端产生的电位差,就是温差电势。温差电势只与导体的性质和两端的温差大小有关。

A、B 两端的温差电势的计算公式分别为

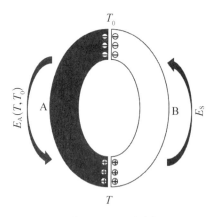

图 2-6 温差电势

$$E_A(T, T_0) = \int_{T_0}^{T} \sigma_A dT \tag{2-9}$$

$$E_B(T, T_0) = \int_{T_0}^{T} \sigma_B dT \tag{2-10}$$

式中：σ_A、σ_B 分别为导体 A、B 的汤姆逊系数，与材料的性质和温度有关。

回路中总的温差电势为

$$E_A(T, T_0) - E_B(T, T_0) = \int_{T_0}^{T} (\sigma_A - \sigma_B) dT \tag{2-11}$$

对于 A 和 B 两个导体构成的热电偶回路，总热电势包括两个接触电势和两个温差电势，如图 2-7 所示，即

$$
\begin{aligned}
E(T, T_0) &= E_{AB}(T) - E_{AB}(T_0) + E_B(T, T_0) - E_A(T, T_0) \\
&= \frac{k}{e}(T - T_0)\ln\frac{N_A}{N_B} - \int_{T_0}^{T}(\sigma_A - \sigma_B)dT \tag{2-12} \\
&= f(T) - f(T_0)
\end{aligned}
$$

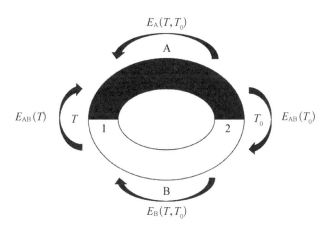

图 2-7　热电偶的总电势

因此，热电偶所产生的热电势的大小仅与组成热电偶的两导体材料及两接触点温度有关，而与热电偶的形状和尺寸等因素无关。当热电偶材料及冷端温度 T_0 确定时，热电势仅是热端温度 T 的函数。

2）热电偶的基本定律

（1）均质导体定律。如图 2-8 所示，均质导体定律是指由一种均质导体或

半导体组成的闭合回路中,不论其截面和长度如何,以及沿长度方向上各处的温度分布如何,都不能产生热电势。由此定律可知,热电偶必须采用两种不同的导体或半导体制成;如果热电极本身的材质不均匀,由于温度梯度的存在,将会产生附加热电势,造成测量的不确定度。

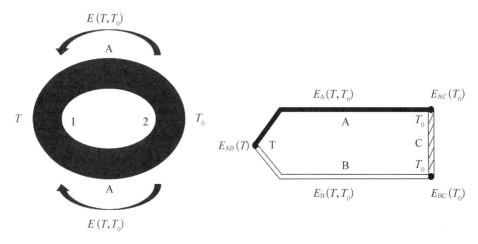

图 2-8　均匀导体定律　　　　　图 2-9　中间导体定律

（2）中间导体定律。如图 2-9 所示,中间导体定律是指在热电偶回路中接入中间导体 C 后,只要中间导体两端温度相同,则中间导体的引入对热电偶回路的总电势没有影响。

若接入中间导体 C 后,热电偶回路的总热电势为

$$E_{ABC}(T,\ T_0)=E_{AB}(T,\ T_0)+E_{BC}(T,\ T_0)+E_{CA}(T,\ T_0)-E_A(T,\ T_0)+$$
$$E_C(T_0,\ T_0)+E_B(T,\ T_0) \tag{2-13}$$

结合以下公式：

$$E_{BC}(T,\ T_0)+E_{CA}(T,\ T_0)=\frac{KT_0}{e}\ln\frac{N_{BT_0}}{N_{CT_0}}+\frac{KT_0}{e}\ln\frac{N_{CT_0}}{N_{AT_0}}$$
$$=\frac{KT_0}{e}\ln\frac{N_{BT_0}}{N_{AT_0}}=E_{BA}(T_0)$$
$$=-E_{AB}(T_0) \tag{2-14}$$

$$E_C(T_0,\ T_0)=0 \tag{2-15}$$

可以得到

$$E_{ABC}(T, T_0) = E_{AB}(T) - E_{AB}(T_0) + E_B(T, T_0) - E_A(T, T_0)$$
$$= E_{AB}(T, T_0) \tag{2-16}$$

同理,接入多种导体,只要保证接入的每种导体的两端温度相同,则对热电偶的热电势没有影响。根据这一定律得出,只要热电偶连接显示仪表的两个接点温度相同,则接入仪表对热电偶回路中的热电势没有影响。

（3）中间温度定律。如图 2 - 10 所示,在热电偶回路中,两接点温度为 T、T_0 时的热电势,等于接点温度为 T、T_a 和 T_a、T_0 的两支同性质热电偶的热电势的代数和。根据这一定律,只要给出冷端为 0 ℃的热电势和温度的关系（分度表）,就可以求出冷端为任意温度 t_0 的热电偶热电势,即

$$E_{AB}(t, t_0) = E_{AB}(t, 0) - E_{AB}(t_0, 0) \tag{2-17}$$

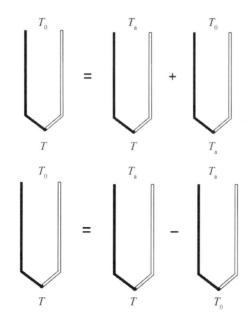

图 2 - 10　中间温度定律

3）热电偶的类型

热电偶可分为标准化热电偶与非标准化热电偶。

标准化热电偶一般通过分度号来区别,热电偶分度号是以 IEC 标准为依据的热电偶材料的标记符号,共有 7 种,分别是 S、B、R、K、T、E、J,如表 2 - 4 所示。

表 2-4 标准化热电偶

热电偶名称	IEC分度号	适用范围	等级	使用温度/℃	允差
铂铑10-铂	S	适用于氧化性气氛中测温;长期最高使用温度为1 300 ℃,短期最高使用温度为1 600 ℃;不推荐在还原性气氛中使用,但短期内可用于真空中测温	I	0~1 100 1 100~1 600	$\pm 1\ ℃\pm[1+(t-1\ 100)\times 0.003]℃$
			II	0~600 600~1 600	$\pm 1.5\ ℃$ $\pm 0.25\%t$
铂铑30-铂铑6	B	适用于氧化性气氛中测温;长期最高使用温度为1 600 ℃,短期最高使用温度为1 800 ℃;特点是稳定性好,测量温度高,冷端在0~100 ℃内可以不用补偿导线;不推荐在还原气氛中使用,但短期内可用于真空中测温	II	600~1 700	$\pm 2.5\ ℃$
			III	600~800 800~1 700	$\pm 4\ ℃$ $\pm 0.5\%t$
镍铬-镍硅（镍铬-镍铝）	K	适用于氧化和中性气氛中测温,按偶丝直径不同其测温范围为-200~1 300 ℃;不推荐在还原气氛中使用;可短期在还原性气氛中使用,但必须外加密封保护管	I	-40~1 100	$\pm 1.5\ ℃$ 或 $\pm 0.4\%t$
			II	-40~1 200	$\pm 2.5\ ℃$ 或 $\pm 0.75\%t$
			III	-200~40	$\pm 2.5\ ℃$ 或 $\pm 1.5\%t$
铜-铜镍（康铜）	T	适用于在-200~400 ℃范围内测温;其主要特性为测温准确度高、稳定性好、低温时灵敏度高、价格低廉	I	-40~1 100	$\pm 1.5\ ℃$ 或 $\pm 0.4\%t$
			II	-40~1 200	$\pm 2.5\ ℃$ 或 $\pm 0.75\%t$
			III	-200~40	$\pm 2.5\ ℃$ 或 $\pm 1.5\%t$

（续表）

热电偶名称	IEC分度号	适用范围	等级	使用温度/℃	允差
镍铬-铜镍（康铜）	E	适用于氧化性或弱还原性气氛中测温；按其偶丝直径不同，测温范围为－200～900 ℃；具有稳定性好、灵敏度高、价格低廉等优点	Ⅰ	－40～800	±1.5 ℃或 ±0.4%t
			Ⅱ	－40～900	±2.5 ℃或 ±0.75%t
			Ⅲ	－200～40	±2.5 ℃或 ±1.5%t
铁-铜镍（康铜）	J	适用于氧化性和还原性气氛中测温，亦可在真空和中性气氛中测温；按其偶丝直径不同，测温范围为－40～750 ℃；具有稳定性好、灵敏度高、价格低廉等优点	Ⅰ	－40～750	±1.5 ℃或 ±0.4%t
			Ⅱ	－40～750	±2.5 ℃或 ±0.75%t
铂铑 13 -铂	R	适用于氧化性气氛中测温；长期最高使用温度为 1 300 ℃，短期最高使用温度为 1 600 ℃；不推荐在还原气氛中使用，但短期内可用于真空中测温	Ⅰ	0～1 600	±1 ℃或 ±[1＋（t － 1100）× 0.003]℃
			Ⅱ	0～1 600	±1.5 ℃或 ±0.25%t

非标准化热电偶包括钨-铼系热电偶、钨-铱系热电偶、镍铬-金铁热电偶、镍钴-镍铝热电偶和非金属热电偶等。

根据热电偶的构造，还可以将热电偶分为普通型、铠装型及薄膜型热电偶。

普通型热电偶由热电极、绝缘套管、保护套管和接线盒组成。热电极为感温元件，以电极材料命名，如铂铑-铂、铜-康铜热电偶。绝缘套管的作用为防止两种材料（热电极）短路。保护套管用来隔离热电偶与介质，防止腐蚀和机械损伤。接线盒用于热电偶与补偿导线或测温仪表的连接，其结构如图 2－11 所示。

铠装型热电偶由热电极、绝缘材料和保护套管三者组合并经深加工而成坚固的组合体，如图 2－12 所示。根据测量端的不同结构，铠装型热电偶主要可以分成以下几种类型：露端式、接壳式及绝缘式，如表 2－5 所示。由于铠装型热电偶具有寿命长、力学性能好、耐高压、可挠性等许多优点，因而深受欢迎。

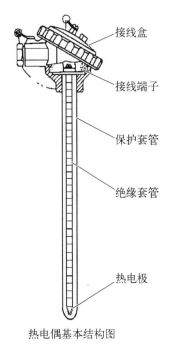

热电偶基本结构图

图 2-11 普通型热电偶基本结构

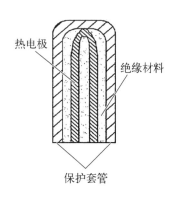

图 2-12 铠装型热电偶结构

表 2-5 不同类型的铠装型热电偶

测量端类型	测量端示意图	特　点
露端式		(1) 测量端接点外露,响应速度很快 (2) 适合对温度快速感应的测量 (3) 气密性、抗腐蚀性、机械强度比其他形式差
接壳式		(1) 响应速度较快 (2) 测量端接点同金属外壳接地 (3) 不适用于电磁感应干扰的场所
绝缘式		(1) 响应速度比接壳式慢 (2) 绝缘物充式,热电势变小,寿命长 (3) 耐蚀、耐压、耐震、抗电磁感应干扰

薄膜型热电偶用真空蒸镀等方法使两种热电极材料蒸镀到绝缘基板上,两

者牢固地结合在一起,形成薄膜状热接点。镀膜为 $0.01\sim0.1\,\mu m$,尺寸小,所以薄膜型热电偶反应时间短。薄膜型热电偶的结构如图 2-13 所示。

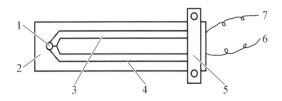

1—测量端点;2—衬架;3—铁膜;4—镍膜;5—接头夹具;6—镍丝;7—铁丝。

图 2-13 薄膜型热电偶结构示意图

4）热电偶冷端温度补偿

由热电偶的原理可知,只有当热电偶冷端温度保持不变时,热电势才是被测温度的单一函数。但在实际应用时,冷端暴露在空气中,容易受到周围环境温度波动的影响,冷端温度难以保持恒定,因此需要进行冷端温度补偿,进行冷端补偿的公式为

$$E_{AB}(T,\ T_0)=f(T)-f(T_0) \tag{2-18}$$

$$E_{AB}(T,\ T_0)=f(T)+C \tag{2-19}$$

进行冷端补偿的方法包括冷端温度校正法、补偿导线法、仪表机械零点调整法、冰浴法及补偿电桥法等。

（1）冷端温度校正法（计算法）。如果某介质的温度为 T,用热电偶进行测量,其冷端温度为 T_0,测得的热电势为 $E_{AB}(T,\ T_0)$。根据中间温度定律,有

$$E_{AB}(T,\ 0)=E_{AB}(T,\ T_0)+E_{AB}(T_0,\ 0) \tag{2-20}$$

即把测得的热电势 $E_{AB}(T,\ T_0)$ 加上室温 T_0 作为热端时热电偶的热电势 $E_{AB}(T_0,\ 0)$,得到实际温度下的热电势 $E_{AB}(T,\ 0)$,然后通过分度表(此表是按冷端温度为零制出的)查得被测温度。

（2）补偿导线法。补偿导线法是一种常用的热电偶冷端补偿技术,它通过使用与热电偶材料相匹配(热电性相同或近似)的廉价金属导线作为补偿导线,将热电偶冷端延伸至远离热源或温度较稳定的环境中进行补偿,以消除冷端温度变化对热电偶输出的影响。

（3）仪表机械零点调整法。如果热电偶冷端温度比较恒定,与之配套的显示

仪表机械零点调整又比较方便,则可采用此法。

预先测知热电偶冷端温度 T_0,然后将仪表的机械零点从 $0\,℃$ 调至 T_0 处,这相当于在输入热电偶电势之前,先给仪表输入电势 $E_{AB}(T_0, 0)$,使输入仪表的电势满足以下公式:

$$E_{AB}(T, T_0) + E_{AB}(T_0, 0) = E_{AB}(T, 0) \qquad (2-21)$$

此时,仪表的指针就是热端的温度 T。

需要注意的是,当冷端温度变化时,需要重新调整仪表的机械零点,此法适宜冷端温度稳定的场合。

(4)冰浴法。在实验室条件下,可将热电偶冷端至于冰点恒温槽(冰水混合物)中,使冷端温度恒定在 $0\,℃$ 时进行测温,此法称冰浴法。

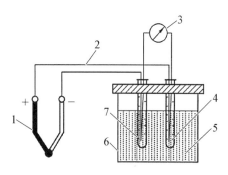

1—热电偶;2—补偿导线;3—仪表;4—水银;
5—冰水溶液;6—冰点槽;7—试管。

图 2-14　冰浴法示意图

图 2-14 为冰浴法示意图。将 2 个热电极的冷端分别放入 2 个插入冰点恒温槽的试管中,并且使之与其底部的少量水银相接触,水银上面放有少量蒸馏水。因为冰水混合物的温度是 $0\,℃$,所以冷端温度为 $0\,℃$。此时,热电偶输出的热电势与分度表一致,可通过查表直接得出热端温度。

(5)补偿电桥法。补偿电桥法是通过采用不平衡电桥产生的电势来补偿热电偶因冷端温度变化而引起的热电势的变化值的一种冷端补偿法。此方法常用于冷端保持恒温有困难的情况。

如图 2-15 所示,在热电偶和显示仪表之间串联一个不平衡电桥,该电桥由电阻 R_1、R_2、R_3、R_{Cu} 4 个臂和桥路稳压电源组成,其中,R_1、R_2、R_3 为锰铜电阻,电阻温度系数很小,阻值基本不随温度而变化,R_{Cu} 为铜电阻,阻值随温度的升高而增大。R_{Cu} 与热电偶冷端处于同一温度。R_s 为限流电阻,其阻值因热电偶不同而不同。

在某一温度下,调整电桥平衡,这时电桥 4 个臂电阻 $R_1 = R_2 = R_3 = R_{Cu}$,ab 端无输出。当冷端温度变化时,R_{Cu} 随之改变,电桥平衡被破坏,在 a、b 端产生输出电势,该电势可用来补偿热电偶因冷端温度变化而产生的热电势的变化量,

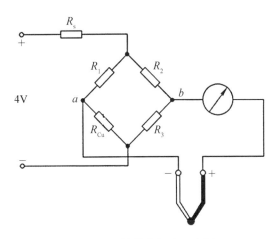

图 2 - 15　补偿电桥法示意图

从而起到自动补偿的作用。

2.2.2.3　热电阻温度计

热电阻温度计的传感元件是热电阻。一些金属导体或半导体的电阻率随着温度的变化而变化，这种现象称为热电阻效应。基于电阻热效应，把温度变化转化成电阻变化，进而测得温度的传感器就是热电阻温度计。通常把温度变化 1 ℃时电阻的相对变化量定义为电阻的温度系数，用 α 表示，单位为 ℃$^{-1}$：

$$\alpha = \frac{\mathrm{d}R/R}{\mathrm{d}T} = \frac{1}{R}\frac{\mathrm{d}R}{\mathrm{d}T} \qquad (2-22)$$

电阻温度系数 α 越大，温度计的灵敏度越高，测量结果也越准确。

热电阻温度计常用的类型包括金属热电阻和半导体热敏电阻。大多数金属热电阻的阻值随温度升高而增加，当温度升高 1 ℃，其阻值增加 0.4% ～ 0.6%，具有正的温度系数。半导体热敏电阻的阻值随温度升高而减小，当温度升高 1 ℃，其阻值减小 3% ～ 6%，具有负的温度系数。

热电阻温度计具有以下优点：测温精度高，测温范围宽，复现性好；采用电信号传递，有利于实现远距离检测、控制，易于实现多点切换；灵敏度高，不需要冷端，输出信号强，便于识别、检测。

热电阻温度计对热电阻材料有一定的要求，即电阻温度系数大，电阻率大，化学、物理性能稳定，复现性好，电阻与温度的关系接近线性及价廉等。比较适合作为金属热电阻的材料包括铂、铜、镍、铟、锰、碳等。比较适合作为半导体热敏电阻的材料包括铁、钼、钛、镁、铜的氧化物等。

1）铂电阻

铂电阻精度高、稳定性好、性能可靠，并且金属铂易提纯、复制性好，有良好的工艺性和较高的电阻率，可制成极细的铂丝（$d=0.02$ mm）或极薄的铂箔。但铂电阻温度系数小，在还原性气体中，特别是在高温下，易沾污变脆。因此，通常外加保护套，把铂电阻制作成铠装温度计。

铂电阻被广泛应用于工业和实验室中，其使用温度范围为$-200\sim850$ ℃。

在$-200\sim0$ ℃范围内，铂的电阻-温度关系为

$$R_t=R_0[1+At+Bt^2+C(t-100)t^3] \tag{2-23}$$

在$0\sim850$ ℃范围内，铂的电阻-温度关系为

$$R_t=R_0(1+At+Bt^2) \tag{2-24}$$

式中：R_0 为 0 ℃时的铂电阻，A、B、C 为经验系数，由实验测得。

铂电阻在$-200\sim0$ ℃范围内的测量误差为 $\Delta t=\pm(0.3+6\times10^{-3}t)$℃，在$0\sim850$ ℃范围内，$\Delta t=\pm(0.3+4.5\times10^{-3}t)$℃。

由式（2-24）可以看出，铂电阻的阻值与R_0是密切相关的，当R_0不同时，在同样的温度下测得的R_t值也不同，因此作为测量用的热电阻必须规定R_0值。热电阻的分度号便表明了热电阻材料和 0 ℃时的阻值。例如，Pt100 表示热电阻材料为铂，$R_0=100$ Ω，Pt10 表示热电阻材料为铂，$R_0=10$ Ω。

2）铜电阻

铜电阻的测温范围为$-50\sim150$ ℃，在这一范围内，电阻与温度的变化关系是近似线性的，电阻温度系数比较大，并且材料易提纯，价格低廉，但电阻率低，易被氧化。因此，在温度不高、对传感器体积没有特殊限制时，可使用铜热电阻。

在$-50\sim150$ ℃范围内，铜的电阻-温度关系为

$$R_t=R_0[1+\alpha t] \tag{2-25}$$

式中：α 为铜电阻温度系数，$\alpha=4.25\sim4.28\times10^{-3}$℃$^{-1}$。

铜电阻常见分度号有 Cu100（热电阻材料为铜，$R_0=100$ Ω）和 Cu50（热电阻

材料为铜,$R_0 = 50\ \Omega$)。

3)镍热电阻

镍热电阻温度系数 α 较大,约为铂热电阻的 1.5 倍,测温范围为 $-50\sim$ 300 ℃,由于温度在 200 ℃ 左右具有特异点,故多用于 150 ℃ 以下。

镍热电阻温度关系为

$$R_t = 100 + 0.548\,5t + 0.665 \times 10^{-3} t^2 + 2.805 \times 10^{-9} t^3 \qquad (2-26)$$

铂、铜、镍热电阻均是标准化热电阻,其中铂热电阻还用来制造精密的标准热电阻,铜、镍只作为工业用热电阻。

4)半导体热敏电阻

半导体热敏电阻简称热敏电阻,是由金属化合物的粉末烧结而成的半导体,它是利用半导体材料的电阻率随温度变化而制成的温度敏感元件。半导体热敏电阻温度系数大($-3‰\sim6‰$),灵敏度高,电阻率大,体积小,结构简单,热惯性小。但同一型号的热敏电阻温度特性分散性很大,互换性差,非线性严重,同时电阻的温度特性不稳定,测量不确定度大。

大多数半导体热敏电阻为负的温度关系,其电阻与温度关系是一条指数曲线:

$$R_t = R_{t_0}\,\mathrm{e}^{B\left(\frac{1}{t} - \frac{1}{t_0}\right)} \qquad (2-27)$$

式中:R_t、R_{t0} 分别为温度为 t 和 t_0 时的电阻;B 为常数,与材料成分、结构有关。

热敏电阻的结构形式多样,几种常见热敏电阻结构如图 2-16 所示。

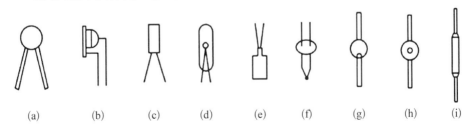

(a)　　　(b)　　　(c)　　　(d)　　　(e)　　　(f)　　　(g)　　　(h)　　　(i)

图 2-16　常见的热敏电阻结构图

(a)圆片形;(b)薄膜形;(c)杆形;(d)管形;(e)平板形;(f)珠形;(g)扁圆形;
(h)垫圈形;(i)杆形(金属帽引出)

2.2.3 辐射式测温仪表

辐射式测温是一种非接触式温度测量,利用物体热辐射能随温度变化的原理测定物体温度。物体在受热后有一部分能量转变为辐射能,温度越高,辐射到周围空间的能量就越多。辐射能以波动的形式表现出来,其波长的范围极广,从短波、X光、紫外光、可见光、红外光一直到电磁波。在温度测量中常用的是可见光和红外光。

辐射式测温度时感温元件与被测物质互不接触,不会破坏被测的温度场,可实现遥测;测温元件可以和被测对象具有不同的温度,因此可以测量高温物体的温度。辐射式温度测量仪表的温度范围(−50~6 000 ℃)极广。

辐射测温仪表主要由光学系统、检测元件、转换电路和信号处理电路等部分组成,光学系统包括瞄准系统、透镜和滤光片等,它把物体的辐射能通过透镜聚焦到检测元件上,再通过转换电路和信号处理电路将信号转换、放大、辐射率修正和标度变换等,输出被测温度对应的信号。

辐射式测温的常用方法有亮度法、全辐射法、比色法和多色法等。辐射测温仪表有全辐射高温计、光学高温计、光电高温计、比色高温计、红外探测器、红外测温仪、红外热像仪等。

这里只介绍最常见的红外测温仪和红外热像仪。这些设备利用红外光的特点,可以准确测量物体表面的温度,而无须接触物体,因此可以应用于各种需要非接触测温的场合。

2.2.3.1 红外测温仪

红外测温仪是根据普朗克定律进行温度测量的。任何物体,只要其温度高于绝对零度,都会因其分子热运动而辐射出红外光。这种红外辐射能力与物体的绝对温度的四次方呈正比关系。红外探测器作为关键部件,负责将物体辐射的红外功率信号转化为电信号,随后经过放大器和信号处理电路,结合仪器内部的算法和目标辐射率校正,最终转化为被测目标的精确温度。

红外线的波长范围广泛,从 0.78 μm 到 100 μm。然而,在大气中传播时,由于各种气体对辐射的吸收,红外辐射的强度会大幅度衰减。但有 3 个特定的红外波段(1~2.5 μm、3~5 μm、8~13 μm)能够透过大气,向远处传播,这些波段被称为"大气窗口"。红外测温系统通常在 3~5 μm、8~13 μm 2 个波段内运作,以确保测量的准确性和稳定性。

在工程领域,温度测量所涉及的热射线波长主要集中在 $0.3\sim100~\mu m$ 的范围内。红外探测器作为接收和转换的关键装置,有 2 种主要类型: 热敏型和光电型。热敏型红外探测器,如热敏电阻,在接收到红外辐射后,其温度会上升,阻值随之变化。通过桥路检测这种变化,并经过一系列电子元件的放大和信号处理,最终得出被测目标的温度。而光电型探测器则利用光敏元件的特性,当它们吸收红外辐射时,电子的运动状态会发生变化,从而改变其电气性质。

2.2.3.2　红外热像仪

红外热像仪是在红外测温仪技术的基础上发展起来的一种新型测温仪器,它将人眼看不见的红外温度梯度图形转变成人眼可见的图像,被测物体的表面温度分布被转换成可以识别的二维热分布图像。

红外热像仪的工作原理如图 2-17 所示,其装置的核心部分包括光学汇聚系统、扫描系统、探测器、视频信号处理器及显示输出部分。目标的辐射图像经过光学系统的汇聚和滤光后,聚焦在焦平面上,由内置的探测元件接收。在光学汇聚系统和探测器之间,设有 1 套光学机械扫描装置,它由 2 个反射镜组成,分别负责垂直和水平方向的扫描。随着扫描镜的转动,从目标入射的红外辐射会按次序扫过整个视场。在扫描过程中,探测器会根据接收到的红外辐射产生反应,输出与辐射能量成正比的电压信号。

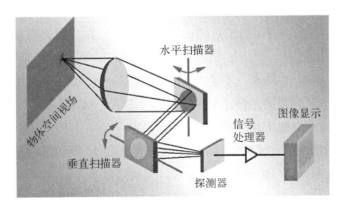

图 2-17　红外热像仪工作原理图

与红外测温仪(红外点温仪)相比,红外热像仪具有显著优势,如测量面积大、速度快,并且直观表现温度分布。这解决了单点测量无法全面反映表面温度分布的问题,对于非均匀表面温度场的研究尤为重要。红外热像仪的测量误差控制在 $\pm2~^\circ C$ 以内,其温差测量精度在所有测温仪表中处于领先地位。此外,它的距离系数可从 2∶1 到 300∶1 调整,方便配置望远镜或广角镜头以适应不同需求。

使用红外热像仪时,需注意环境条件对测量结果的影响,如温度、气氛、污染和干扰等因素。以下是几点关键建议。

1) 太阳和背景辐射的影响及对策

在户外环境中,除了被测物体自身的辐射外,还需考虑其他物体和背景的辐射,以及太阳的直接辐射或经背景反射的散射光。在室内,周围的反射光同样可能干扰测量结果。因此,建议采取以下措施:精确对焦,确保非待测物体的辐射不进入测试区域;在物体周围设置屏蔽物,以消除外界干扰;在户外测量时,优先选择有云天气或夜晚进行,避免日光直射;在室内测量时,关闭照明设备。若物体辐射率较低,可通过使用高辐射率涂料或制造小孔等方法来增强辐射效果,但前提是确保不影响物体表面的绝缘性能。

2) 物体辐射率的影响及对策

实际物体的辐射量受多种因素影响,包括辐射波长、物体温度、材料种类、制备方法、热过程、表面状态和环境条件。辐射率作为衡量物体热辐射与黑体辐射接近程度的指标,是材料固有的性质。为了获得更准确的温度测量值,需要根据实际情况精确设置辐射率。

3) 风速的影响及对策

风速是影响被测表面对流散热的关键因素。较高的风速会增加对流散热量,从而降低表面与环境之间的温差。在某些情况下,风速过大还可能给缺陷识别带来困难。因此,在户外进行红外检测时,应尽量选择无风或风力较小的时段。若无法避免,则需对测量结果进行适当修正。

4) 合理确定距离系数

距离系数决定了红外热像仪的最大测量距离。为了确保测量准确性,需要确保测量距离符合仪器的光学目标要求。距离系数越大,意味着在相同测距下可以测量更小的目标尺寸,或在检测相同大小目标时实现更远的测距。根据环境条件和测量需求,选择适当的距离系数和高光学分辨率的测温仪至关重要。

5) 确定合适的波长范围

目标材料的辐射率和表面特性决定了测温仪的光谱响应波长。针对透明材料,红外能量会穿透其表面,因此需要选择特定的波长。例如,测量玻璃内部温度时,可选用 1.0 μm、2.2 μm 和 3.9 μm 波长;测量玻璃表面温度时,则选用

5.0 μm 波长。对于低温区域,8～14 μm 波长较为适宜。在检测火焰中的 CO 和 NO_2 时,分别选用窄带 4.64 μm 和 4.47 μm 波长。

2.2.4　液晶热像测温技术

液晶热像测温技术是一种新型的非接触式温度测量方法,该方法利用热色液晶在特定的温度范围内所显示颜色的色调值与其温度一一对应的特性,实现对物体表面温度场的精确测量和可视化。它能够精确地对全表面温度场进行测量,并且能够适应复杂形状表面的温度测量。

液晶的种类很多,有一种能以不同颜色反应不同温度的液晶,通常称为热色液晶。热色液晶具有颜色随温度变化的性质,是具有手性分子结构的有机化学物质的旋光混合物,其在不同温度下相邻层中液晶分子的旋向不同。当受白光照射时,该液晶材料会反射不同波长的可见光,从而显现不同的颜色。热色液晶的这种依赖于温度的光学特性可重复且可逆,因而通过严格的校准实验可建立液晶颜色和温度之间的对应关系。在液晶测温时,通常将微胶囊化的液晶涂覆在要进行温度测量的整个表面,用于提供壁面温度空间分布的可视化测量。

相比于其他测温技术,液晶热像测温技术有诸多优点。热电偶、热电阻等接触式测温技术应用广泛,具有测量精度高、价格低廉等特点,但该技术属于单点测量法,不宜用于全场温度测量,并且对热场有干扰。红外热像仪能测出全场温度分布,但需要如锗玻璃、CaF_2 玻璃等特殊、昂贵的材料作为红外光学窗口,价格昂贵,并且空间分辨率较低,测量前还须预先知道被测表面的热辐射系数。液晶热像测温技术能够精确地对全表面温度场进行定量测量,并且能够适应复杂形状表面的温度测量,具有高空间分辨率和对流动的最小入侵性。与红外热像技术相比,液晶热像测温技术价格低廉,并且具有更高的空间分辨率和温度分辨率。液晶热像测温技术已被广泛用于热传导、流场显示和无损检测等领域。

思考题

1. 简述常用的温度测量方法及其特点。
2. 简述热电偶的测温原理及基本定律。
3. 如何对热电偶进行冷端温度补偿?
4. 简述红外热像仪的工作原理及环境对其测量结果的影响和相应的对策。

第**3**章
压力测量

压力测量是工程和科学领域中至关重要的一部分,它涉及气体、液体或固体对特定面积施加的力的量化。

3.1 压力的基本概念

垂直作用在单位面积上的力称为压力,也称为压强。它的大小由 2 个因素决定,即受力面积和垂直作用力的大小,用数学式表示为

$$p = F/S \tag{3-1}$$

式中:p 为压力;F 为垂直作用力;S 为受力面积。

压力也可以用相应的液柱高度来表示,即压力等于液柱高度与液体重度的乘积:

$$p = F/S = \gamma h S/S = \gamma h \tag{3-2}$$

式中:γ 为压力计中液体的重度;h 为液柱的高度。

压力测量通常用于液体或气体等流体,压力的国际单位为帕斯卡或帕,符号为 Pa,换算关系为 $1\,Pa = 1\,N/m^2$。在工程中几种常见压力单位换算关系如下:

工程大气压力(kgf/cm^2),$1\,kgf/cm^2 = 0.980\,7 \times 105\,Pa$;

毫米汞柱$(mmHg)$,$1\,mmHg = 1.332 \times 10^2\,Pa = 133.2\,Pa = 0.133\,2\,kPa$;

毫米水柱(mmH_2O),$1\,mmH_2O = 0.980\,7 \times 10\,Pa$;

物理大气压(atm),$1\,atm = 1.013\,25 \times 10^5\,Pa$。

在工程测量中,压力可以用绝对压力或表压力表示。绝对压力即真实压力,用符号 p 表示,指的是流体垂直作用在单位面积上的全部压力,既包括流体的压力,也包括大气的压力;表压力即压力表显示的数值,用符号 p_e 表示,表压力是绝对压力 p 和大气压力 p_b 的差值,表压力为正值时简称为表压力,表压力为负值时称为真空度(用符号 p_v 表示),即表压力 =(绝对压力 − 大气压)大于 0,真空度 =(绝对压力 − 大气压)小于 0,表压力 p_e 和绝对压力 p 之间的关系如图 3 − 1 所示。

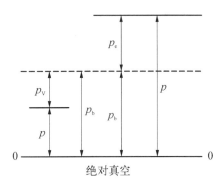

图 3 − 1　表压力和绝对压力之间的关系

3.2　压力表的分类

压力测量的装置简称为压力计或压力表,按照信号原理的不同,可以分为液柱式压力计、弹性式压力计、电气式压力计及活塞式(负荷式)压力计。

3.2.1　液柱式压力计

图 3 − 2
U 形管压力计

液柱式压力计是最简单而又最基本的压力测试仪表,经常在工厂和实验室中使用,液柱式压力计根据流体静力学原理,即利用一定高度的液柱重量与被测压力平衡,用液柱高度来表示被测压力,可以用于测量低压、负压和压力差,主要应用于实验室压力测量、现场锅炉烟道、风道各段压力、通过空调系统各段压力的测量。液柱式压力计结构简单,使用、维修方便,但信号不能远传。液柱式压力计常见的类型有 U 形管压力计(见图 3 − 2)、单管压力计(见图 3 − 3)、斜管微压计等(见图 3 − 4)。

U 形管压力计的原理如图 3 − 5 所示,根据静力学原理,在管内水平面 2 − 2 处的压力相等,均为 p,由 U 形管右侧可知,压力 p 为大气压力 p_b 与高为 $h_1 + h_2$ 的液体压力之和。即

$$p = \rho g h + p_b = \rho g (h_1 + h_2) + p_b \qquad (3-3)$$

被测的表压力为

图 3-3 单管压力计

图 3-4 斜管微压计

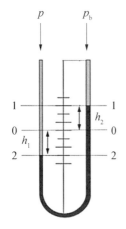

图 3-5 U 形管压力
计工作原理

$$p_e = p - p_b = \rho g h = \rho g(h_1 + h_2) \quad (3-4)$$

式中：p 为被测压力，Pa；p_e 为表压力，Pa；ρ 为工作液体密度，kg/m³；g 为重力加速度，取 9.806 65 m/s；p_b 为大气压力，Pa；h 为液柱高度差，$h = h_1 + h_2$，h_1、h_2 分别为左侧液面下降高度和右侧液面上升高度，m。

当测量液体压力时，要考虑工作液体上面液柱产生的压力。设两侧测压管工作液体上面的液体密度分别为 ρ_1 和 ρ_2，可得

$$p + \rho_2 g(h + H) = p_b + \rho_1 g H + \rho g h \quad (3-5)$$

$$p_e = p - p_b = (\rho_1 - \rho_2)gH + (\rho - \rho_2)gh$$

$$(3-6)$$

式中：H 为 1-1 处液面距管口的垂直距离，m。

测量时，U 形管中的工作液面高度差为 h，必须分别读取两管内液面高度 h_1 和 h_2，然后再相加。若只读一管内液面高度如 h_1，并用 $2h_1$ 代替 $h_1 + h_2$，则当管子截面 F_1 和 F_2 不等时，会带来误差：

$$\Delta h = 2h_1 - (h_1 + h_2) = h_1 - h_2 \quad (3-7)$$

由左侧下降与右侧升高的体积相同可知，$h_1 F_1 = h_2 F_2$，所以

$$\Delta h = h_1 \left(1 - \frac{F_1}{F_2}\right) \quad (3-8)$$

虽然两次读数避免了上述误差，但由于 U 形液柱压力计的测量准确度受读

数精确度和工作液体毛细管作用的影响,仍会产生误差。为了克服 U 形管测量时两次读数存在误差的缺点,产生了把 U 形管的一根管改换成大直径的杯形容器的单管液柱式压力计。

单管液柱式压力计的工作原理如图 3 - 6 所示,单管液柱式压力计中杯形容器的内径 D 远大于管子的内径 d,所以右边液面的下降量将远小于左边液面的上升量,即 $h_2 \ll h_1$。由体积守恒可得 $\dfrac{\pi}{4}D^2 h_2 = \dfrac{\pi}{4}d^2 h_1$,即 $h_2 = \dfrac{d^2}{D^2}h_1$,表压力为

$$p_e = \rho g h = \rho g(h_1 + h_2) = \rho g\left(1 + \frac{d^2}{D^2}\right)h_1 \tag{3-9}$$

因为 $D \gg d$,故 d^2/D^2 可以忽略,所以有

$$p_e = \rho g h_l \tag{3-10}$$

由式(3 - 10)可知,单管液柱式压力计只需要 1 次读数便可得到测量结果。

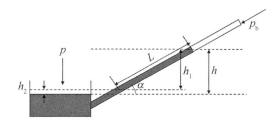

图 3 - 6　倾斜管微压计(当倾斜角 $\alpha = 90°$ 时即为单管液柱式压力计)工作原理

在测量微压时,为了提高灵敏度,可将单管液柱式压力计的测量管倾斜放置,使供测量的液柱长度增加,但倾斜的角度不可太小,一般不小于 15°,否则液柱易冲散,读数较困难,误差较大。这种倾斜管液柱式压力计,又称为倾斜管微压计,可以测量到 0.98 Pa 的微压。若选用密度小的酒精作为工作液体,可以进一步提高精确度。

在倾斜管微压计中,液柱长度 L 与测量管测出的垂直液柱高度 h_1 和液柱的实际高度 h 之间关系为

$$h_1 = L\sin\alpha \tag{3-11}$$

$$h = h_1 + h_2 = L\left(\sin\alpha + \frac{d^2}{D^2}\right) \tag{3-12}$$

若 $p > p_b$，则表压力 p_e 为

$$p_e = \rho g h = \rho g L\left(\sin\alpha + \frac{d^2}{D^2}\right) \tag{3-13}$$

令 $A = \rho g\left(\sin\alpha + \frac{d^2}{D^2}\right)$，这时可以写为

$$p_e = AL \tag{3-14}$$

式中：d、D、ρ 都是定值。若倾斜角 α（与水平方向夹角）也一定时，则 A 为常数，所以读出 L 值即可求出压力。改变 α 即可改变 A 值，以适应不同的测量范围，一般来说斜管微压计的使用范围为 100～2 500 Pa。

下面介绍液柱式压力计的误差分析。

液柱式压力计的误差包括温度误差、安装误差、重力加速度误差、传压介质误差、读数误差等。

温度误差是指环境温度的变化，引起刻度标尺长度和工作液密度的变化，一般刻度标尺长度的变化可忽略，工作液密度的变化应进行适当修正。修正公式为

$$h_{t0} = h_t[1 - \beta(t - t_0)] \tag{3-15}$$

式中：β 为工作液在 t_0～t 的平均膨胀系数，℃$^{-1}$。

安装误差指在安装时产生的误差，比如安装时应保证 U 形管处于严格的垂直位置，在无压力作用下两管液柱应处于标尺零位，否则将产生安装误差。

由液柱式压力计的测压原理可知，表压力 p_e 受到重力加速度 g 的影响，重力加速度也是影响测量准确度的因素之一。重力加速度的修正公式为

$$g_\varphi = \frac{g_n[1 - 0.002\,65\cos(2\varphi)]}{1 + \dfrac{2H}{R}} \tag{3-16}$$

式中：H、φ 分别为使用地点的海拔和纬度，单位分别为 m 和（°）；g_n 指标准重力加速度，取 9.806 65 m/s^2；R 为地球的公称半径，取 6 356 766 m。

在实际使用时,一般传压介质就是被测压力的介质。当传压介质为气体时,如果与 U 形管连接的 2 个引压管的高度差相差较大,而气体的密度又较大时,必须考虑引压管内传压介质对工作液的压力作用;若温度变化较大,还需同时考虑传压介质随密度变化的影响。当传压介质为液体时,除了要考虑上述各因素外,还要注意传压介质和工作液不能产生溶解和化学反应等。

读数误差主要是由于工作液的毛细作用而引起的管内液柱产生附加升高或降低,其大小与工作液的种类、温度和 U 形管内径等因素有关,为了减少该误差,通常要求测量管的内径不小于 10 mm。

3.2.2　弹性式压力计

弹性传感器又称弹性元件,由弹性传感器组成的压力测量仪器称为弹性式压力计。弹性元件受压后产生形变输出(力或位移),可以通过传动机构直接带动指针指示压力或压差,也可以通过某些电器元件组成变送器,实现压力或压差信号的远传,所以弹性式压力计有结构简单、牢固可靠、测压范围广、使用方便、造价低廉、有足够的精度、可远传等特点。

由胡克定律可知在弹性极限范围内,弹性元件轴向受到外力作用时,就会产生拉伸或压缩位移:

$$F = CX \qquad\qquad (3-17)$$

式中: F 为轴向外力,N; C 为弹性元件的刚度系数,N/m; X 为弹性元件的形变位移,m。

根据压力的定义:

$$F = AP \qquad\qquad (3-18)$$

式中: A 为弹性元件承受压力的有效面积,m²; p 为被测压力,Pa。

则有

$$X = \frac{A}{C}P \qquad\qquad (3-19)$$

由于弹性元件通常是工作在弹性特征的线性范围内,即符合胡克定律,可以认为 A/C 为常数,这样就显示了弹性元件的位移 X 与被测压力 p 呈线性关系。因此,可以通过测量弹性元件的位移来测量压力。

此外,为保证测量的精度,弹性元件的弹性后效,弹性滞后和弹性模度的温度系数要小。

弹性后效是指在弹性极限内,当作用在弹性元件上的压力去掉时,它也不能立即恢复原状,还有一个数值不大的形变 X,经过一段时间后,才能恢复原状。弹性滞后是指弹性元件在加载与卸载的进、回程中,应力、应变曲线不重合,构成一个回线环,即对应同一应力有不同的应变 ε 和 ε_1,其差值 $\Delta\varepsilon = \varepsilon_1 - \varepsilon$ 称为弹性滞后。材料的弹性模数受温度影响,当环境温度升高时,弹性元件金属材料原子的热运动加剧,结合力减弱,弹性模量降低,引起弹性元件的弹性力随温度变化而产生漂移,称为温漂,这就是弹性式压力计产生灵敏度温度误差的根本原因。

下面介绍两种常见的弹性式压力计。

3.2.2.1 弹簧管压力表

弹簧管压力表分多圈及单圈弹簧管式两种压力表。多圈弹簧管式压力表灵敏度高,多用于压力式温度计,如图 3-7 所示。单圈弹簧管压力表可用于真空测量,或高达 10^3 MPa 高压测量,使用范围广,品种型号多,如图 3-8 所示。单

图 3-7 多圈弹簧管式压力表

图 3-8 单圈弹簧管式压力表

圈弹簧管压力表根据测压范围可分为压力表、真空表、压力真空表。一般精度等级为 1.0～4.0 级，标准表可达 0.25 级。

如图 3-9 所示，单圈弹簧管压力表的传感器为一个弯成圆弧形的空心管子，管子截面呈椭圆形或扁圆形，常用的材料有铜、磷青铜和不锈钢等。椭圆的长半轴为 a，短半轴为 b，管子开口端 A 固定在仪表接头座，称固定端，压力信号由接头座引入弹簧管内，管子的另一端封闭，称自由段，即位移输出端。

根据弹性形变原理，中心角的相对变化值 $\Delta\gamma/\gamma_0$ 与被测压力在弹性限度内成比例关系：

$$\Delta\gamma/\gamma_0 = \frac{\gamma_0 - \gamma}{\gamma_0} = KP \tag{3-20}$$

式中：γ_0 为原始中心角；γ 为任意压力下的中心角；p 为被测压力；K 为与弹簧管材料、壁厚和几何尺寸有关的函数。

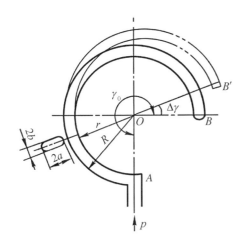

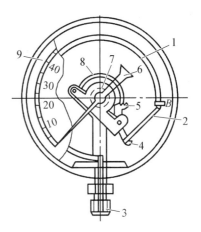

1—弹簧管；2—拉杆；3—接头；4—调整螺钉；
5—扇形齿轮；6—指针；7—中心齿轮；
8—游丝；9—面板。

图 3-9　单圈弹簧管压力表传感器　　**图 3-10　弹簧管压力表的结构示意图**

弹簧管压力表的结构如图 3-10 所示。

被测压力由接头(3)通入，使自由端 B 向右上方扩张。自由端的弹性形变位移由拉杆(2)使扇形齿轮(5)做逆时针偏移，使指针(6)通过同轴的中心齿轮(7)的带动而做顺时针偏转，从而在面板(9)的刻度标尺上显示出被测压力。游丝(8)的一端与中心齿轮轴固定，另一端在支架上，借助于游丝的弹力使中心齿轮与扇形齿轮始终只有一侧啮合面啮合,可以消除扇形齿轮和中心齿轮之间固有啮合间隙而产生的测量误差。扇形齿轮与拉杆相连的一端有开口槽,改变拉杆和扇形齿轮的连接位置,进而改变传动机构的传动比。

弹簧管材料随被测压力高低、被测介质化学性质而不同。当压力小于20 MPa 时,一般采用磷青铜。当压力大于 20 MPa 时,一般采用不锈钢或合金钢;此外,因为液态氨碰到铜或铜合金时会发生化学反应而爆炸,所以测量氨气压力必须采用不锈钢弹簧管。

3.2.2.2 膜盒式微压计

膜盒式微压计常用于锅炉炉膛负压及尾部的烟道压力测量,测量范围为150~4 000 Pa。其工作原理如图 3-11 所示,采用金属波纹膜盒作为压力传感器,被测压力 p 对膜盒的作用力被膜盒弹性形变的反力平衡。膜盒在压力 p 的作用下,所产生的膜盒形变位移,由连杆输出,使铰链块做顺时针偏转,经拉杆和曲柄拖动转轴及指针做逆时针偏转,在刻度板上显示被测压力,游丝压力传感器可消除传动间隙的影响。这类仪表的精度等级一般为 2.5 级,高的可达 1.5 级。膜盒式压力表外形如图 3-12 所示。

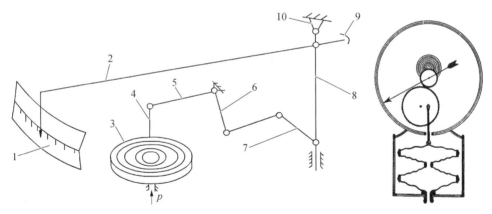

1—刻度板;2—指针;3—金属波纹膜盒;4—连杆;5—铰链块;6—拉杆;
7—曲柄;8—转轴;9—铝片;10—游丝。

图 3-11 膜盒式微压计工作原理图　　　　**图 3-12 膜盒式压力
表外形图**

3.2.3 电气式压力计及变送器

此类变送器首先将弹性元件输出的位移量变换为电容、电感、电势及电阻等电量变化,然后再经特制的电路转换成标准电量。

3.2.3.1 电容式压力、压差变送器

电容式压力、压差变送器可以分为单极板式、差动式及变面积式等。

电容器的电容量由它的 2 个极板的大小、相对位置和电介质的介电常数确定。平板电容器的电容量 C 为

$$C = \frac{\varepsilon S}{d} \qquad (3-21)$$

式中:ε 为极板间电解质介电常数;S 为极板有效面积;d 为极板间距离。

单极板电容式压力、压差传感器的结构如图 3-13 所示。

若电容的动极板受压产生位移 Δd,则电容量将随之改变,其变化量 ΔC 为

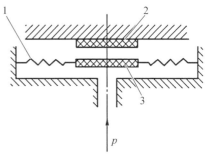

1—弹簧膜片;2—固定极板;3—可动极板。

图 3-13　单极板电容式压力、压差传感器

$$\Delta C = \frac{\varepsilon S}{d - \Delta d} - \frac{\varepsilon S}{d} = C\frac{\Delta d/d}{1 - \Delta d/d} \qquad (3-22)$$

当 ε 和 S 确定时,可以通过测量电容量的变化得到动极板位移量,进而求得被测压力变化,这就是单极板电容式压力传感器的工作原理。

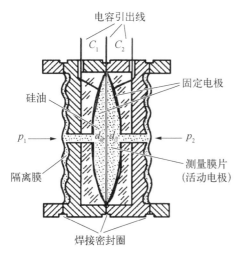

图 3-14　差动式电容式压力、压差传感器结构示意图

如图 3-14 所示,被测压力 $p_1 > p_2$ 分别加于 2 个隔离膜上,通过硅油将压力传到测量膜片上,使差动电容的活动电极左右移动,当测量膜片向右侧移动时,它于 2 个固定电极间的电容量一个增大一个减小,故称差动电容。通过测量这 2 个电容量的变化,可得到压差。

设测量膜片在压差 Δp 的作用下移动距离 Δd,由于位移很小,可近似认为 Δd 和 Δp 成比例关系,即

$$\Delta d = K_1 \Delta p \qquad (3-23)$$

式中：K_1 为比例系数。

如无压差作用在测量膜片时，左右固定极板间的距离为 d_0，则在压差作用下，左右 2 个固定极板间的距离分别为 $d_0 + \Delta d$ 和 $d_0 - \Delta d$，根据平板电容器公式有

$$C_1 = K_2/(d_0 + \Delta d), \ C_2 = K_2/(d_0 - \Delta d) \qquad (3-24)$$

式中：K_2 为由 S 和 ε 决定的常数，$K_2 = \varepsilon S/4\pi$。

联立

$$\begin{cases} \Delta d = K_1 \Delta p \\ C_1 = K_2/(d_0 + \Delta d) \\ C_2 = K_2/(d_0 - \Delta d) \end{cases} \qquad (3-25)$$

可得

$$\frac{C_2 - C_1}{C_2 + C_1} = \frac{\Delta d}{d_0} = \frac{K_1 \Delta p}{d_0} = K_3 \Delta p \qquad (3-26)$$

式中：K_3 为比例系数，$K_3 = K_1/d_0$。可见压差 Δp 与 $\dfrac{C_2 - C_1}{C_2 + C_1}$ 成比例。电容式压差变送器就是将 $\dfrac{C_2 - C_1}{C_2 + C_1}$ 通过电路运算，转换成电压或电流[4～20 mA（DC 直流电）]。

电容式压力、压差变送器灵敏度高、精度高，其精度有 0.2 级和 0.25 级、稳定可靠、量程可调、量程范围（0～1 270 Pa 或 0～42 MPa）宽、过载能力强、应用范围广，尤其适应测高静压下的微小压差变化。

3.2.3.2 霍尔压力变送器

霍尔压力变送器是利用霍尔效应，把压力作用下所产生的弹性元件的位移信号，转变为电势信号，通过测量电势测量压力。

如图 3-15 所示，将半导体材料制成的薄片称为霍尔片，平置于垂直磁场中，Z 轴方向强度为 B。沿霍尔片的 Y 轴方向通恒定电流 I，由于受电磁力的作用，电子在霍尔片中的运动轨迹会发生偏移，造成霍尔片在 X 轴方向上的一侧显负电，另一侧显正电，从而产生电位差 V_H，这种现象称霍尔效应，所产生的电势称霍尔电势。

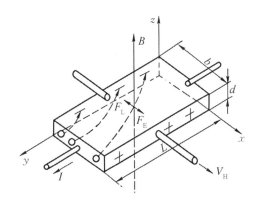

图 3－15　霍尔效应原理图

霍尔电势公式为

$$V_H = \frac{K_H I B f\left(\dfrac{L}{b}\right)}{d} \qquad (3-27)$$

式中：V_H 为霍尔电势；K_H 为霍尔系数；d 为霍尔片厚度；b 为霍尔片的电流通入端宽度；L 为霍尔片电势导出端长度；$f\left(\dfrac{L}{b}\right)$ 为霍尔片形状系数。

取霍尔系数：

$$R_H = \frac{K_H f\left(\dfrac{L}{b}\right)}{d} \qquad (3-28)$$

当霍尔片材料、结构已定时，霍尔常数 R_H 为常数。霍尔电势 V_H 与磁场强度 B、恒定电流 I 成正比，改变 B、I 可改变 V_H，一般 V_H 为几十毫伏数量级。

$$V_H = R_H I B \qquad (3-29)$$

霍尔压力变送器的结构如图 3－16 所示。

霍尔压力变送器实质上是一个位移-电势的变换元件，霍尔片（2）被置于弹簧管（3）的自由端，在霍尔片上、下设置一个由磁钢（1）产生

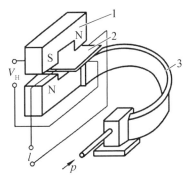

1—磁钢；2—霍尔片；3—弹簧管。

图 3－16　霍尔压力变送器

的非均匀磁场,并且将霍尔片通入大小一定的直流电流,一般为 3～20 mA (DC),被测压力 p 由弹簧管固定段通入,由于压力不同,其自由端随之改变,因而霍尔片所处的磁感应强度 B 随之改变,霍尔电势也随之改变。因为霍尔电势是磁感应强度的函数,所以其亦是被测压力的函数。

在实际中常采用恒温措施或采用温度补偿措施,例如在电势输出回路中串一个温度补偿电桥,来保证测量的精度。除此之外,要注意减少由于霍尔片两端电极不对称焊接引起的不等位电势,若存在不等位电势,则霍尔片处于正中时,电势输出不为 0,使测量出现偏差。

3.2.3.3 力平衡式压力、压差变送器

力平衡式压力、压差变送器是基于力平衡原理,将弹性元件受压后产生的集中力转化成电信号。因为电磁反馈力产生的力矩去平衡输入力产生的力矩,所以此时弹性元件自由端的位移几乎为零,弹性元件的输出信号不受弹性元件的弹性滞后和温度漂移的影响,特别是弹性材料的弹性模数温度系数大时更显示出其优越性,由于采用了深度负反馈,这种力平衡式变送器的准确度和稳定性都比较高,一般可达到 0.2～5.0 级,其结构原理如图 3-17 所示。

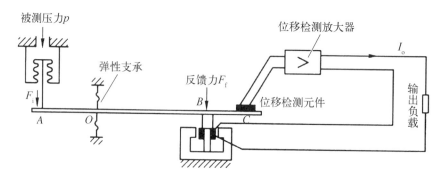

图 3-17 力平衡式压力变送器结构原理图

被测压力 p 转换成相应的输入力 F_i,该力与电磁反馈机构输出的作用力 F_f 一起作用于杠杆系统,使杠杆产生微小的偏移,再经过位移放大器转换成统一的直流电流输出信号。

力平衡压力变送器虽然因弹性形变很小而对弹性元件弹性反力的变化不十分敏感,但对杠杆系统任何一处存在的摩擦却是敏感的,这会直接引起误差,造成仪表的死区增大。为此,杠杆的支撑点都使用弹簧钢片做成的弹性支撑,以避免摩擦力的引入。

3.2.3.4　固体压阻式压力、压差变送器

固体压阻式压力、压差传感器主要基于压阻效应,压阻效应是指半导体材料在受压时电阻率会发生变化。大多数金属材料与半导体材料都被发现具有压阻效应,其中半导体材料中的压阻效应远大于金属,这是因为在半导体材料中电阻变化不仅来自与应力有关的几何形变,而且来自材料本身与应力相关的电阻。半导体材料内部按晶格排列,在受到一定方向的应力作用时,随着晶格之间距离发生改变,载流子浓度和迁移率改变,导致半导体材料的电阻率发生变化,进而引起电阻的变化,这使得半导体材料的灵敏度大于金属材料数百倍之多。

由于硅是现今集成电路的主要材料,以硅制作而成的压阻性元件的应用就变得非常有意义。硅压阻式压力计由外壳、硅膜片和引线等组成,其核心部分是做成杯装的硅膜片,如图 3-18 所示,在杯形单晶硅的表面上,沿一定的晶轴方向扩散着一些长条形电阻,当硅膜片上下两侧出现压差时,膜片内部产生应力,使扩散电阻的阻值发生变化。

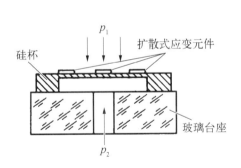

图 3-18　硅压阻式压力计

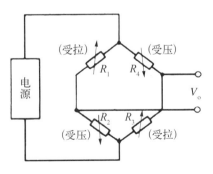

图 3-19　桥式输出电路

环境温度的变化也会带来电阻阻值的变化,所以为了减小电阻随温度变化引起的误差,在该膜片上扩散 4 个等值电阻 R(不受压力作用时),以便接桥式输出电路,如图 3-19 所示,这样不但可以获得温度补偿,还可以使输出信号加倍。如图 3-20 所示:圆心区域受拉力,扩散电阻阻值增大。边缘区域受压力,扩散电阻阻值减小。4 个扩散电阻接成全桥电路,将电阻变化转换成电压输出。全桥电路不仅可以提高电桥灵敏度,而且可以抵消半导体电阻随

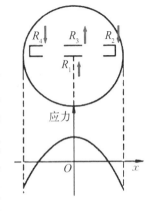

图 3-20　硅膜片表面应力分布

温度变化引起的误差。

根据力学分析,平面式弹性膜片受压变形时,中心区与周边区应力的方向不同,形成推挽电路,即一相对臂电阻减小(受压),而另一相对臂电阻增加(受拉),使电桥失去平衡,若电桥由一恒流供电,其电流为 I_0,当放大器采用高输入电阻阻件时,电桥输出电压 U 为

$$U = I_0 \Delta R \tag{3-30}$$

如此,实现了压力-电阻-电压的变化,进而通过电压-电流转换器,变成 4～20 mA(DC)的标准信号。

3.2.4 活塞式压力计

活塞式压力计是基于帕斯卡定律和流体静力平衡原理,用于测量气体和液体压力的机械式压力传感器。它利用压力作用在活塞上的力与砝码的重力相平衡的原理,通过测量活塞的位移或砝码的重量来间接测量压力,活塞式压力计具备高准确等级,高灵敏度和优异的长期稳定性。

1) 工作原理

活塞式压力计的工作原理基于流体静力学的力平衡原理和帕斯卡定律。测量时:一种力是由所测压力产生的,作用于活塞上;另一种力则是由放在承重盘上的砝码产生的。当这 2 种力达到平衡时,根据活塞面积及承重盘和砝码的总质量,即可计算出被测压力的大小。具体计算公式为

$$mg = sp \tag{3-31}$$

式中:m 为砝码质量;g 为重力加速度;s 为活塞面积;p 为被测压力。

2) 结构与组成

活塞式压力计如图 3-21 所示,主要由活塞系统、专用砝码和校验器 3 个部分组成。活塞系统包括活塞、活塞筒等关键部件,通常由高硬度的材料(如碳化钨)制成,以确保测量精度和稳定性。专用砝码用于产生与所测压力相平衡的力,其质量精确且可调整。校验器则用于对活塞式压力计进行校准和验证,

图 3-21 活塞式压力计

确保测量结果的准确性。

3）特点与优势

高精度：活塞式压力计具有较高的测量精度，通常可达到 0.005%～0.2% 的准确度范围。

高稳定性：由于采用机械式结构，活塞式压力计具有较长的使用寿命和较高的稳定性。

宽测量范围：适用于 -0.1～2 500 MPa 的广泛测量范围。

易于使用和维护：活塞式压力计结构相对简单，使用和维护较为方便。

广泛应用：适用于实验室、工业和制造业中需要测量气体或液体压力的场合，如检查管道和容器内部的压力、监控流程中气体或液体的压力等。

4）使用注意事项

在使用前应对活塞式压力计进行校准和验证，确保其测量精度。在测量过程中应避免剧烈振动和冲击，防止影响测量结果。应定期检查活塞和活塞筒的磨损情况，并及时更换损坏部件。使用时应保持环境清洁干燥，避免灰尘和异物落入仪器内部。使用完毕后应及时清理仪器并妥善保管。

活塞式压力计是一种高精度、高稳定性的压力测量仪器，广泛应用于实验室和工业领域。其基于流体静力学平衡原理和帕斯卡定律的工作原理确保了测量的准确性和可靠性。在使用过程中应注意校准、维护和保养以延长仪器使用寿命并确保测量精度。

3.3　压力表的选择、安装与校验

压力表在实际使用前要经过选择、安装与校验 3 个过程。

3.3.1　压力表的选择

在进行压力表的选择时，应根据被测压力的种类（压力、负压或者压差），被测介质的物理和化学性质，用途（如标准、指示、记录和远传等），生产过程所提的要求，满足测量准确度及经济、实用等原则来选取合适的压力表。

在选用仪表量程时，为了保护压力表，压力较稳定时，其最高压力不应超过仪表量程的 2/3。若被测压力波动较大，其最高压力应低于仪表量程的 1/2。同时，为了保证实验测量的精度，被测压力的最小值不应低于仪表量程的 1/3。

在选用压力表的形式时,对于某些特殊的介质,选用专用的压力表。在测量一般介质时,不同压力范围对应的压力表形式如表 3-1 所示。

表 3-1 压力表形式

压 力 范 围	压力表形式
−40～40 kPa	膜盒式压力表
>40 kPa	弹簧管压力表或波纹管压力表
−101.33 kPa～0～2.4 MPa	压力真空表
−101.33～0 kPa	弹簧管真空表

3.3.2 压力表的安装

在进行压力表安装时,关于取压口的选取至关重要。所选择的取压口必须能够准确反映被测压力的真实状况。在管道或烟道上取压时,应优先选取被测介质流动的直管道段作为取压点,以确保数据的准确性。在测量流动介质压力时,取压管应垂直于流动方向,以避免动压头带来的干扰。同时,需明确区分气体和液体的取压口开孔位置,预防气塞或水塞的产生。

导压管的敷设同样不容忽视。为了确保压力和压差信号迅速、准确地传递,导压管的粗细、长短需经过精心选择,通常内径为 6～8 mm,长度不宜超过50 m。在敷设过程中,应保持 1∶10 至 1∶20 的坡度,以有效排除管内可能积存的少量液体或气体。若被测介质易冷凝或冻结,必须在加装伴热管后再进行保温处理。根据具体情况,还需安装集气瓶、水分离器和沉淀器等设备。

在安装压力、压差计时,应确保安装位置便于检修和观察,并尽量远离热源和振动源,以减少外界干扰。对于测量波动频繁的压力,如压缩机出口、泵出口等,建议增设阻尼装置以提高测量的稳定性。在选择密封垫片时,务必注意其适用性,如铜垫不能与乙炔气接触,带油垫片不能与氧气接触,以免引发安全事故。在测量腐蚀介质时,务必采取必要的保护措施,如安装隔离罐。此外,当测量液体的压力较小且取压口与仪表不在同一水平高度时,应充分考虑液柱静压的影响并进行相应的校正。

3.3.3　压力表的校验

常用校验压力表的标准仪器为活塞式压力表,它的精度等级有 0.02 级、0.05 级和 0.2 级,可用来校准 0.25 级精密压力表,亦可校准各种工业用压力表,被校压力的最高值有 0.6 MPa、6 MPa、60 MPa 3 种。

活塞式压力表力平衡关系为

$$pF = G \qquad\qquad (3-32)$$

式中：F 为活塞底面的有效面积;G 为活塞、托盘及砝码总重力,且 $p = G/F$。

由此,可以方便而准确地由平衡时所加的砝码的重量求出被测压力。

在进行压力表校验时,校验点应在测量范围内均匀取 3～4 个点,一般应选在有刻度数字的大刻度点上。均匀增加至刻度上限,保持上限压力 3 min,然后匀速降至零压,主要观察指示有无跳动、停止、卡塞现象。单方向增压至校验点后读数,轻敲表壳再读数。重复上述方法,计算出被校表的基本误差、变差、零位和轻敲位移等。

思考题

1. 压力测量的常用方法有哪些? 并简要阐述其测量原理。
2. 压力表的选型规则有哪些?

第4章
流量测量

流量测量广泛应用于工业生产、能源计量、环境保护、交通运输以及科学研究等各个领域。流量测量的准确度和范围,对保证产品质量、提高生产效率、促进科学技术的发展都具有重要的作用,特别是在能源危机、工业生产自动化程度越来越高的当今时代,流量测量在国民经济中的地位与作用更加明显。

4.1 流量基本概念

在工业生产过程中,流体通过一定的流通截面的数量,称为流量,分为瞬时流量和累积流量。瞬时流量是指在单位时间内流过特定截面的流体的量;累积流量是指在某一时间间隔内,流体通过的总量。

瞬时流量的常用表示方法有 2 种,分别为质量流量、体积流量。质量流量是指单位时间内通过的流体的质量,符号为 q_m。体积流量是指单位时间内通过的流体的体积,符号为 q_v。在已知流体的压力、温度或密度 ρ 的情况下,可以折合成标准状态下的体积流量 Q_N。

不同的瞬时流量表达方式之间可以相互换算,质量流量 M 与体积流量 Q 之间的换算关系为

$$M = \rho Q \qquad (4-1)$$

流体密度 ρ 随流体状态而变化。因此,为了便于比较,一般将测得的体积流量换算成标准状态(20 ℃,101 325 Pa)下的体积流量 Q_N。

$$Q_N = Q\rho/\rho_N \qquad (4-2)$$

累积流量可以用在该段时间间隔内的瞬时流量对时间的积分而得到,故也称为积分流量。

$$
\begin{cases}
M_{t_1-t_2} = \displaystyle\int_{t_1}^{t_2} M \mathrm{d}t \\[2mm]
Q_{t_1-t_2} = \displaystyle\int_{t_1}^{t_2} Q \mathrm{d}t \\[2mm]
w_{t_1-t_2} = \displaystyle\int_{t_1}^{t_2} w \mathrm{d}t
\end{cases}
\tag{4-3}
$$

流量测量的应用领域大到工业生产过程、能源计量、环境保护工程、交通运输,以及生物技术、科学试验、气象、海洋江河湖泊,小到居家的水表、煤气表、热量表,这些场景中都有流量测试技术的身影。

4.2　伯努利原理及方程

由质量力只有重力的理想流体一维定常流动的运动微分方程:

$$
\rho v \mathrm{d}v + \rho g \, \mathrm{d}z + \mathrm{d}p = 0
\tag{4-4}
$$

沿流线积分,可得

$$
\frac{v^2}{2} + gz + \int \frac{\mathrm{d}p}{\rho} = C
\tag{4-5}
$$

对于不可压缩流体,ρ 为常数,

$$
\frac{v^2}{2g} + z + \frac{p}{\rho g} = H
\tag{4-6}
$$

整理可得伯努利方程最常见的形式:

$$
p + \frac{1}{2}\rho v^2 + \rho g h = C
\tag{4-7}
$$

式中:p 为流体中某个点的压强;v 为流体在该点的流速;ρ 为流体密度;g 为重力加速度;h 为该点所在的高度;C 为常数。

伯努利方程的物理意义是指沿着同一根流线,流体的动能、位势能、压力势能可以相互转变,三者之和保持不变(在伯努利方程适用的条件下)。几何意义

是指沿着同一根流线,流体的速度水头、位置水头、压强水头之和为常数,等于总
水头。

4.3　工业流量计

在工业应用中,流量计的种类繁多,大致可归为几大类:差压式流量计、速
度式流量计、容积式流量计及质量流量计。差压式流量计的核心原理在于利用
流体通过节流装置(如孔板、喷嘴等)时产生的压差来间接测量流量。这种流量
计利用了流量与节流装置前后压差之间的特定关系。速度式流量计则主要依赖
测量管内流体的速度来直接推算流量。常见的速度式流量计包括涡街流量计、
涡轮流量计、电磁式流量计、超声波式流量计和靶式流量计等,它们各自以独特
的方式捕捉流体的速度信息,例如,涡街流量计利用了流体涡旋振荡的原理,电
磁流量计则基于电磁感应原理,超声波流量计依赖超声波技术。容积式流量计
则基于流体连续通过固定容积后,通过累积这些容积来测量流量。这种流量计
的代表有椭圆齿轮流量计和腰轮流量计,它们通过精确的容积计算和累积,确
保流量测量的准确性。质量流量计的工作原理基于流体在测量管内的振动或
热传导等物理效应。常见的质量流量计有科里奥利质量流量计、热式质量流
量计等。

4.3.1　差压式流量计

差压式流量计由节流装置、导压管及显示仪表组成。如图 4-1 所示,节流
装置包括节流件和取压装置,功能是将流量信号变换为差压信号。导压管的功
能是将节流装置前后的压力信号送至显示仪表。显示仪表的功能是显示压差信
号 Δp 或直接显示被测流量 Q 或 M,也可以计算累积流量。

节流装置的作用在于造成流束的局部收缩,从而产生压差。根据压差,可以
实现流量的测量。连续流动的流体,当遇到节流装置(以下均以标准孔板为例)
的时候,由于节流装置的流通截面积比管道的截面积小,流体必然受到节流装置
的挤压。这时候在压头(能量)的作用下,流速增大,才能挤过节流孔,形成收缩。
当流体挤过节流孔之后,流速又会因为流通面积的增大和流束的扩大而降低。
与此同时,在节流装置前后的管壁处的流体静压力产生差压,形成压力差 Δp,
$\Delta p = p_1 - p_2$,并且 $p_1 > p_2$,这种现象为节流现象,其中 p_1 和 p_2 是孔板入口侧

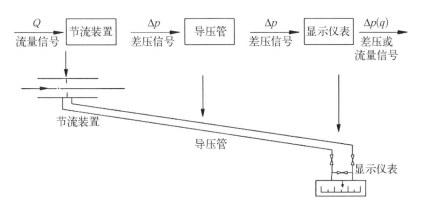

图 4‑1　差压流量计示意图

和出口侧的绝对压力。

4.3.1.1　差压式流量计测量原理

1) 节流原理

被测介质流经节流装置时,其流速和压力分布如图 4‑2 所示。

流体遇到挡板,会产生流束收缩现象,流体流通面积突然缩小,在压头(能量)作用下,流体一部分动压头转换为静压头,即节流装置入口端面近壁面处的流体静压 p_1 升高($p_1 > p_1'$),形成节流装置入口端面处的径向压差。这一径向压差使流体产生径向附加速度 v_r,改变流体原来的流向。在 v_r 的影响下,近管壁处的流体质点的流向就与管中心轴线相倾斜,形成了流束的收缩运动。由于流体的惯性,使得流束截面收缩最小截面的位置不在节流孔中,而位于节流孔之后,并随着流量的大小而变。

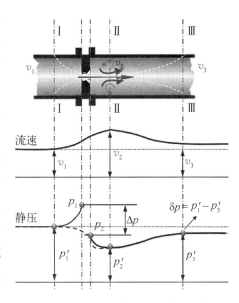

图 4‑2　节流元件压力及流速变化

根据伯努利方程和位能、动能的相互转换原理,在流束截面最小处的流体静压力最低。同理,在孔板出口端面处,流速增大,因此静压力也比原来低($p_2 < p_1'$)。故节流装置入口侧静压力 p_1 比出口侧静压力 p_2 大。结合 $\Delta p = p_1 - p_2$ 分析,流量越大,流束的局部收缩和位

能、动能的转换越显著,节流装置入口和出口两端压差也越大。

利用不可压缩流体流量方程式分析截面Ⅰ和截面Ⅱ,在节流件前,流体向中心加速,至截面Ⅱ处流束截面收缩到最小,流动速度最大,静压力最低,最后流束扩张,流动速度下降,静压力有所升高,直至在截面Ⅲ处流束又充满管道。由于产生了涡流区,致使流体能量损失,故在截面Ⅲ处静压力 p_3' 不等于原先的 p_1',产生了压力损失,即 $\delta p = p_1' - p_3'$。

截面Ⅰ处于节流件上游,该截面处流体未受节流元件的影响,静压力为 p_1',平均流速为 v_1,流束截面直径(管内径)为 D,流体密度为 ρ_1。 截面Ⅱ处于节流件之后,流束最小截面处,静压力为 p_2',平均流速为 v_2,流束直径为 d',流体密度为 ρ_2。

对于孔径为 d 的标准孔板,$d' < d$;对于标准喷嘴和文丘里管,$d' = d$。 换句话说,流束最小的截面其实在标准喷嘴和文丘里管的喉部。

2) 流量方程

假设管道水平放置,则 $z_1 = z_2$,不可压缩流体,则 $\rho_1 = \rho_2 = \rho$,引入能量损失

$$s_w = \xi v_2^2 / 2 \tag{4-8}$$

伯努利方程为

$$\frac{c_1 v_1^2}{2} + gz_1 + \frac{p_1'}{\rho} = \frac{c_2 v_2^2}{2} + gz_2 + \frac{p_2'}{\rho} + \xi \frac{v_2^2}{2} \tag{4-9}$$

连续方程为

$$\frac{\pi}{4} D^2 \rho v_1 = \frac{\pi}{4} d'^2 \rho v_2 \tag{4-10}$$

式中:c_1、c_2 分别为管道截面Ⅰ、Ⅱ处的动能修正系数;ξ 为阻力系数;p_1'、p_2' 分别为Ⅰ、Ⅱ截面处流束中心静压力,Pa;v_1、v_2 分别为Ⅰ、Ⅱ截面处流体的平均流速,m/s;D、d' 分别为Ⅰ、Ⅱ截面处流束直径,m。

联立上述方程可得

$$v_2 = \frac{1}{\sqrt{c_2 + \xi - c_1 \left(\dfrac{d}{D}\right)^4}} \sqrt{\frac{2}{\rho}(p_1' - p_2')} \tag{4-11}$$

引入节流孔径与管道直径比 $\beta(\beta = d/D)$，以及流束收缩系数 $\mu(\mu = d'^2/d^2)$；

取压修正系数 ψ

$$\psi = (p_1' - p_1')/(p_1 - p_2) \tag{4-12}$$

$$v_2 = \frac{\sqrt{\psi}}{\sqrt{c_2 + \xi - c_1 \mu^2 \beta^4}} \sqrt{\frac{2}{\rho}(p_1 - p_2)} \tag{4-13}$$

最小流束截面积为 $\pi d'^2/4$，则体积流量为

$$Q = \frac{\sqrt{\psi}}{\sqrt{c_2 + \xi - c_1 \mu^2 \beta^4}} \frac{\pi d'^2}{4} \sqrt{\frac{2}{\rho}(p_1 - p_2)} \tag{4-14}$$

定义静压力差 $\Delta p(\Delta p = p_1 - p_2)$；节流件开孔面积 $A_0(A_0 = \pi d^2/4)$ 代替 $\pi d'^2/4$；定义流量系数

$$\alpha_0 = \frac{\sqrt{\psi}}{\sqrt{c_2 + \xi - c_1 \mu^2 \beta^4}} \tag{4-15}$$

此时，流体的体积流量可以表示为

$$Q = \alpha_0 A_0 \sqrt{\frac{2}{\rho} \Delta p} = \alpha_0 \frac{\pi d^2}{4} \sqrt{\frac{2}{\rho} \Delta p} \tag{4-16}$$

流体的质量流量可以表示为

$$M = \rho Q = \alpha_0 A_0 \sqrt{2\rho \Delta p} = \alpha_0 \frac{\pi d^2}{4} \sqrt{2\rho \Delta p} \tag{4-17}$$

式中：M 为质量流量，kg/h；Q 为体积流量，m^3/h；α 为流量系数；ε 为流束膨胀系数；d 为节流孔开孔直径，mm；Δp 为节流件前后的差压值，Pa；ρ_1 为节流件前流体密度，kg/m^3。

流量方程中的流量系数 α 一般由实验取得，与节流件形式、取压方式、孔径比、流动状态、管道内壁粗糙度等有关。

在选定节流件和取压方式后，流量系数可以认为是雷诺数 Re_D 与开孔面积

比 m 的函数,其实验曲线如图 4 - 3 所示。

$$\alpha_0 = f(Re_D, m) \qquad (4-18)$$

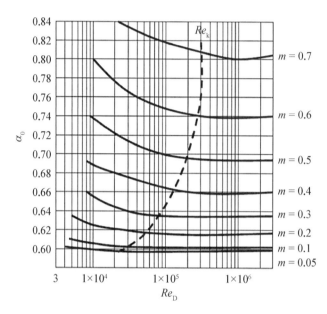

图 4 - 3 标准孔板 $\alpha_0 - Re - m$ 实验曲线

在图 4 - 3 中,α_0 为原始流量系数,在光滑管道中测得。实际流量系数 $\alpha = k\alpha_0$,其中 k 为修正系数。对 m 值相等的同类型节流装置,流量系数只是雷诺数 Re_D 的函数,雷诺数 Re_D 越大,流体截面各点的流速越趋于一致,流量系数 α 越稳定,所以低速小流量时测量有较大偏差。实验表明,只有在雷诺数 Re_D 大于某一界限值 Re_k(约为 1×10^5)时,流体呈现紊流,流量系数 α 才趋向定值。

4.3.1.2 标准节流装置

标准节流装置不再需要个别标定,主要按照标准规定设计、安装、使用即可。标准节流件包括标准孔板、标准喷嘴、椭圆喷嘴及文丘里管等。

如图 4 - 4 所示,标准孔板是一块具有与管道同心圆形开孔的薄板,迎流一侧是有锐利直角入口边缘的圆筒形孔,顺流的出口呈扩散的光滑锥形,具有测量精度高,安装方便,使用范围广,造价低等特点,广泛应用于各种介质的流量测量。严格按照国家标准 GB/T 2624—2006《用安装在圆形截面管道中的差压装置测量满管流体流量》设计和加工。

图 4-4　标准孔板　　　　　　　　　图 4-5　标准喷嘴

如图 4-5 所示,标准喷嘴是一个以管道轴线为中心线的旋转对称体,其型线主要由进口端面 A、入口收缩圆弧端面 C_1、C_2、圆筒形喉部出口边缘保护槽 H 组成,具有耐高温高压、耐冲击、使用寿命长、测量范围大、测量精度高等特点,适用于电厂高温、高压蒸汽热网管道流速高的流体流量测量。

如图 4-6 所示,椭圆喷嘴(长径喷嘴)上游面由垂直于轴的平面、廓形为 1/4 椭圆的收缩段、圆筒形喉部和可能有的凹槽或斜角组成的喷嘴。椭圆喷嘴结构简单,压力损失小,无须实流校验,性能稳定;寿命长;精度高、重复性好、流出系数稳定。

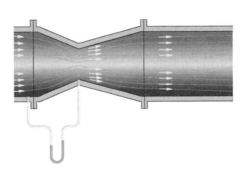

图 4-6　椭圆喷嘴　　　　　　　　图 4-7　标准文丘里管流量计

如图 4-7 所示,文丘里管流量计包括收缩段、喉道和扩散段 3 个部分,以其结构简单、适用工况范围广、易于实时监控等优点,用于测量封闭管道中单相稳定流体的流量。标准(经典)文丘里管按其制造方法不同分为具有粗铸收缩段的标准文丘里管、具有机械加工收缩段的标准文丘里管、具有粗焊铁板收缩段的标准文丘里管,可用于两相流,混相流,低流速、大管径,异形管道的流量测试。

当空气可压缩性可忽略不计时,通过喷嘴的体积流量和质量流量分别为

$$Q = A_n C_n \sqrt{2\Delta p / \rho} , \ M = A_n C_n \sqrt{2\rho\Delta p} \quad\quad (4-19)$$

式中:Q 为通过喷嘴的体积流量,m^3/s;M 为通过喷嘴的质量流量,kg/s;C_n 为喷嘴流量系数;A_n 为喷嘴喉部截面积,m^2;ρ 为空气密度,kg/m^3;Δp 为喷嘴前后压差,Pa。

若 $Re > 12\ 000$ 且喷嘴喉部直径 $D > 125\ mm$ 时,喷嘴流量系数 C_n 选取 $C_n = 0.99$;对 $D < 125\ mm$ 或要求更加精确的流量系数时,流量系数按下式计算:

$$C_n = 0.998\ 6 - \frac{7.006}{\sqrt{Re}} + \frac{134.6}{Re} , \ Re = 353 \times 10^{-3} \frac{M}{D\mu} \quad\quad (4-20)$$

式中:D 为喷嘴喉部直径,mm;μ 为喷嘴喉部空气的动力黏度系数,$kg/(s \cdot m)$。

4.3.1.3 标准取压装置

节流件前后的压差 $\Delta p = p_1 - p_2$ 是计算流量的关键数据,因此取压方法相当重要。我国国家规定的标准节流装置取压方式如下:标准孔板为角接取压,法兰取压及 $D-D/2$ 取压;标准喷嘴为角接取压;经典文丘利管上游取压口位于距收缩段与入口圆筒相交平面的 $0.5D$ 处,下游取压口位于圆筒形喉部起始端的 $0.5D$ 处。各种取压方式的取压位置如图 4-8 所示。

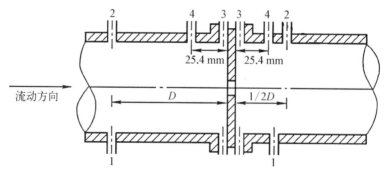

1—理论取压;2—$D-D/2$ 取压;3—角接取压;4—法兰取压。

图 4-8 各种取压方式的取压位置示意图

　　角接取压可用于孔板或喷嘴的取压,取压孔位于孔板或喷嘴上、下游两侧端面处。角接取压有 2 种结构形式,分别为环室取压结构和单独钻孔取压结构。环室取压结构如图 4 - 9 所示,其取出压力口面积比较广阔,压力信号稳定,有利于提高测量精度,但耗材多,加工安装要求严格。

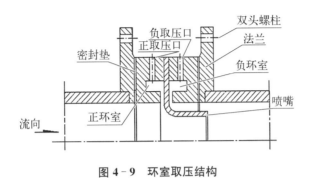

图 4 - 9　环室取压结构

　　单独钻孔取压结构如图 4 - 10 所示,单独钻孔取压结构简单,加工安装方便,特别适合大口径管道的流量测试。为了取得均匀的压力,有时采用带均压管的单独钻孔取压。

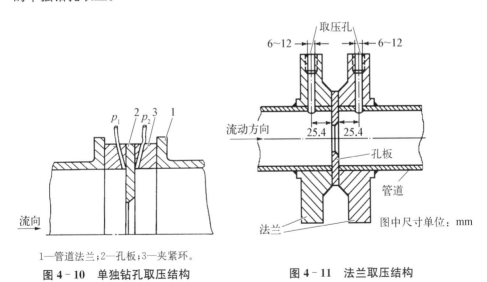

1—管道法兰;2—孔板;3—夹紧环。

图 4 - 10　单独钻孔取压结构　　　　图 4 - 11　法兰取压结构

　　法兰取压结构如图 4 - 11 所示,法兰取压只用于孔板的取压,取压孔轴线与孔板上、下游两侧端面的距离各为(25.4±0.8)mm。为了改善取压效果,可以在孔板上、下游侧规定的位置上同时设有几个等角距法兰取压的取压孔,引出后用环管连通均压。

不同取压方式的适用情况不同。采用角接取压的标准孔板适用于直径 D 为 50～1 000 mm 的管道,孔径比 β 为 0.22～0.80,雷诺数 Re_D 为 5×10^3～1×10^7 的情况;采用法兰取压的标准孔板适用于直径 D 为 50～750 mm 的管道,孔径比 β 为 0.10～0.75,雷诺数 Re_D 为 2×10^3～1×10^7 的情况;采用角接取压的标准喷嘴适用于直径 D 为 50～500 mm 的管道,孔径比 β 为 0.32～0.80,雷诺数 Re_D 为 2×10^4～2×10^6 的情况。

4.3.1.4 标准节流装置使用的流体条件和管道条件

标准节流装置不适用于脉动流和临界流的测量。

标准节流装置使用时要满足的流体条件包括如下几方面:① 流体充满圆管并连续地流动;② 管道内流体流动是稳定的,流量不随时间变化或变化缓慢;③ 流体必须是牛顿流体,即单相的(近似单相,如高分散度的胶体溶液)、均匀的,流经节流装置不发生相变;④ 流体流动在受到节流件影响前,已达到充分发展的紊流,流线与管道轴线平行,不得有旋转流。

标准节流装置使用时要满足的管道条件包括如下几方面:① 管道必须是直的圆形管道,管道直度可以目测,圆度要按照标准检验;② 管道内壁应洁净,可以是光滑的也可以是粗糙的;③ 节流件前后要有足够的直管段长度。

4.3.2 转子流量计

对于小流量的测量,因流体的流速低,要求测量仪表有较高的灵敏度,才能保证一定的精度。差压式流量计对管径小于 50 mm、低雷诺数的流体的测量精度不高,而转子流量计则特别适宜于测量管径为 50 mm 以下管道的流量,测量的流量可小到每小时几升,转子流量计主要有玻璃转子流量计和金属转子流量计 2 种类型,如图 4-12 所示。

转子流量计由转子、锥形管及支撑连接部分组成。转子流量计结构简单、使用方便、量程比大、刻度均匀、直观性好,可测量各种液体和气体的体积流量。

转子流量计与差压式流量计一样都是利用节流原理测量流量,转子就相当于节流件。如图 4-13 所示,转子流量计垂直安装,流体自下而上通过锥形管与转子间的环形缝隙,管中的转子受到向上的推力,转子上升,流通面积增大,速度

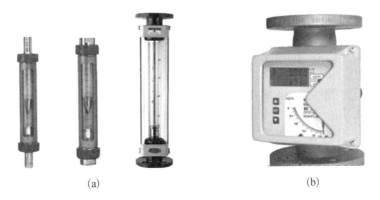

(a)　　　　　　　　　　　　(b)

图 4-12　转子流量计

(a) 玻璃转子流量计；(b) 金属转子流量计

减小，到达一定高度静止不动。按照高度与流量的关系得出流量。

　　对转子进行受力分析，向上的作用力有转子的浮力和由于转子的节流作用产生的压力差产生的压差力，向下的作用力是转子的重力，当转子平衡时，有重力＝浮力＋压差力。

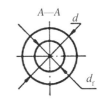

$$\rho_f V_f g = \rho V_f g + \Delta p A_f \qquad (4-21)$$

式中：ρ_f 为转子材料密度；V_f 为转子体积；ρ 为被测流体密度；A_f 为转子最大横截面积。

　　整理得

$$\Delta p = \frac{1}{A_f} V_f g (\rho_f - \rho) \qquad (4-22)$$

　　根据伯努利方程可以推导流体流过节流件前后所产生的压差与体积流量之间的关系：

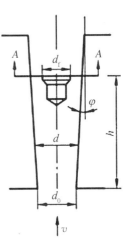

$$Q = \alpha A_0 \sqrt{\frac{2\Delta p}{\rho}} \qquad (4-23)$$

图 4-13　转子流量计
工作原理

式中：α 为流量系数，与转子形状、尺寸有关；A_0 为转子与锥形管壁之间环形通道面积。

联立式(4-22)与式(4-23)可得

$$Q = \alpha A_0 \sqrt{\frac{2V_f g}{A_f}} \cdot \sqrt{\frac{\rho_f - \rho}{\rho}} \qquad (4-24)$$

因为锥形管的锥角 ϕ 较小,所以近似有 $A_0 = Ch$,进而可以得到体积流量与转子高度的关系:

$$Q = \alpha Ch \sqrt{\frac{2V_f g}{A_f}} \cdot \sqrt{\frac{\rho_f - \rho}{\rho}} \qquad (4-25)$$

式中: C 为与锥形管锥度有关的比例系数; h 为转子在锥形管中的高度。

4.3.3 电磁流量计

电磁流量计是基于法拉第电磁感应原理研制出的一种测量导电液体体积流量的仪表,如图 4-14 所示。电磁流量计为无阻流元件,阻力损失极微,流场影响小,精确度高,直流段要求低,而且可测量含有固体颗粒或纤维的液体,腐蚀性及非腐蚀性的液体,但前提是被测流体必须是导电的,并且流体的导电率不能低于下限值。

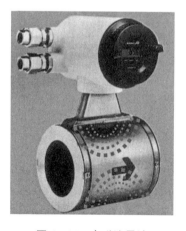

图 4-14 电磁流量计

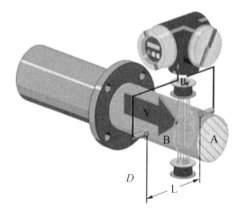

图 4-15 电磁流量计工作原理图

4.3.3.1 电磁流量计工作原理

电磁流量计工作原理如图 4-15 所示,根据法拉第电磁感应定律,导电体在磁场中做切割磁力线运动时,导体中产生感应电压,该电动势的大小与导体在磁场中做垂直于磁场运动的速度成正比,由此再根据管径,介质的不同,转换成流量。

$$E = BD\nu \cdot 10^{-4} \qquad (4-26)$$

$$Q = \frac{\pi}{4}D^2\nu \qquad (4-27)$$

联立式(4-26)和(4-27)可得

$$E = 4\times10^{-4}\frac{B}{\pi D}Q = KQ \qquad (4-28)$$

当管道内径 D 确定,磁感应强度 B 不变时,感应电势 E 与体积流量 Q 具有线性关系。

在管道两侧各插入一根电极,便可测出两电极间感应电势,再由变送器转换成 $0\sim10$ mA 或 $4\sim20$ mA 直流电流信号,由二次仪表指示出被测流量。

4.3.3.2　电磁流量计的结构与优缺点

电磁流量计由测量管和转换器 2 个部分组成,测量管上、下两侧分别绕有马鞍形的励磁线圈。为了避免直流磁场产生的直流感应电势使电极周围导电液体电解,导致电极表面极化而减小感应电势,一般采用交流励磁。交流励磁有正弦波工频励磁、低频矩形波励磁、高频励磁、双频励磁、可编程控制励磁等。

为了避免磁力线被测量管的管壁短路,测量导管应由非导磁的高阻材料制成,如不锈钢。为防止感应电势被短路,内壁涂一层绝缘衬里,如环氧树脂,如图 4-16 所示。为了避免电极被腐蚀流体腐蚀,还有一种无电极电磁流量计。在衬里外面两侧安一对电容极板,流体切割磁力线产生感应电势,改变电容量,通过测电容量的变化便可知流量。

图 4-16　测量导管

电磁流量计因其简化的结构设计和无相对运动部件的特性,展现出极小的阻力损失,同时拥有宽广的测量范围和极高的测量精度,精度范围可达 $0.2\%\sim0.5\%$。在配备了防腐衬里后,它能够胜任各种腐蚀性液体的流量测量任务,甚至包括含有颗粒、悬浮物等复杂成分的液体。更令人称赞的是,其输出信号与流量之间的关系几乎不受液体物理性质(如温度、压力、黏度等)和流动状态的影响,确保了测量的稳定性和可靠性。此外,电磁流量计对流量变化的反应速度极快,使其成为测量脉动流量的理想工具。然而,需要注意的是,电磁流量计仅限于测量导电液体的流量,并且要求液体的导电率至少达到水的水平。对于导电率极低的液体,如石油制品和有机溶剂等,电磁流量计则无法使用。同时,它也不适用于气体、蒸汽及含有较多气泡的液体的测量。此外,由于流体感应出的电势数值非常微小,电磁流量计需要配备高放大倍数的放大器来捕捉信号,这也意味着它更容易受到外界电磁场干扰的影响。

4.3.4 涡街流量计

涡街流量计基于流体力学的卡门涡现象,如图4-17所示,在流体前进的路径上放置一非流线型的物体,有时会在物体后面产生一个规则的振荡运动,即在物理后面两侧交替地形成涡旋,并随着流体流动,物体后面形成的两列非对称涡旋列,称为卡门涡列。

涡街流量计管道内无可动部件,使用寿命长,量程比宽,几乎不受温度、压力、密度、黏度等变化的影响。涡街流量计仪表可输出 $0 \sim 10$ mA(DC)或 $4 \sim 20$ mA(DC)信号,与显示仪表配套指示瞬时流量或流体总量,也可就地显示,无须外接电源,在不便外接电源的地方尤为适用。除此之外,涡街流量计可用于对气体(含蒸汽)、液体等介质进行流量测量。

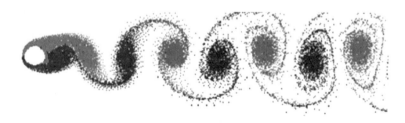

图4-17 卡门涡列

4.3.4.1 涡街流量计工作原理

物体后面放出涡旋的频率与物体形状和流速有关,对于圆柱体物体,它们之间的关系为

$$f = St \frac{\nu_1}{d} \tag{4-29}$$

式中：St 为施特鲁哈尔数；d 为圆柱形涡旋发生体的直径，m；v_1 为涡旋发生体处的平均流速，m/s；f 为旋涡产生的频率，s^{-1}。

施特鲁哈尔数随雷诺数而变化，Re 在 500～150 000 的区域内，St 为常数，对于圆柱形涡旋发生体，$St=0.2$。可认为，在实际测量时，涡旋产生的频率只与流速和特征长度有关，与流体的温度、压力、密度、黏度和组成成分无关。

在管道中插入涡旋发生体时，涡旋发生体处流通截面积

$$A_1 = \frac{\pi D^2}{4}\left\{1 - \frac{2}{\pi}\left[\frac{d}{D}\sqrt{1-\left(\frac{d}{D}\right)^2} + \sin^{-1}\frac{d}{D}\right]\right\} \tag{4-30}$$

式中：A_1 为涡流发生体处流通截面积，m^2；D 为管道直径，m。

当 $d/D < 0.3$ 时，可近似为

$$A_1 = \frac{\pi D^2}{4}\left(1 - 1.273\frac{d}{D}\right) \tag{4-31}$$

因此，得到涡街流量计的体积流量

$$Q = A_1 \cdot v_1 = \frac{\pi D^2}{4}\left(1 - 1.273\frac{d}{D}\right) \cdot \frac{fd}{St} \tag{4-32}$$

即体积流量 Q 与涡旋产生的频率 f 呈线性关系，涡街流量计就是基于这个原理测量流量的。

4.3.4.2 流量信号的检测

涡旋频率的检测方法有许多种，例如热敏检测法、超声波检测法、电容检测法、应力检测法、电感检测法等，如表 4-1 所示。

表 4-1 涡旋频率的检测方法

检测方法	类　别	物理效应	检测元件
应力检测法	流体局部压力的变化	涡旋发生体产生的应力压力差	压电元件应变片
应力检测法			膜片＋压电元件
电容检测法			膜片＋电容
电感检测法			膜片＋电感

(续表)

检 测 方 法	类 别	物 理 效 应	检 测 元 件
应力检测法		可动部件的运动	摆旗＋应变片
热敏检测法	流体局部流速的变化	加热体的冷却（温度变化）	热电阻
超声波检测法		声速的变化	超声换能器

4.3.5　涡轮流量计

涡轮流量计由涡轮流量变送器和指示积算仪组成，是一种速度式流量计，精度高、压力损失小、量程比大，可测量多种液体或气体的瞬时流量和流体总量。可输出 0～10 mA(DC) 或 4～20 mA(DC) 信号，与调节仪表配套控制流量。

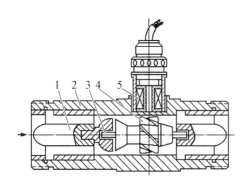

1—导流器；2—外壳；3—轴承；4—涡轮；
5—磁电转换器。

图 4‑18　涡轮流量变送器结构示意图

涡轮流量变送器的结构如图 4‑18 所示，主要由导流器、外壳、轴承、涡轮及磁电转换器组成。其中，导流器是由导向环(片)及导向座组成，使流体在进入涡轮前先导直，以避免流体自旋而改变流体与涡轮叶片的作用角度，从而保证仪表的精度。在导流器上装有轴承，用以支承涡轮。涡轮是检测流量的传感器，叶片由导磁的不锈钢材料制成，为减小流体作用在涡轮上的轴向推力，采用反推力方法对轴向推力自动补偿。由磁钢和感应线圈组成的磁电转换装置装在变送器的壳体上。

流体通过变送器时，涡轮旋转，叶片周期性地改变磁路磁阻，通过线圈的磁通量发生周期性变化，因而在线圈内感应出与流量成比例关系的脉冲信号，经放大后送入显示仪表。

涡轮流量变送器工作原理推导如下：

$$Q = AV, \quad V = \frac{U}{\tan\beta}, \quad U = \omega r = 2\pi n r \qquad (4-33)$$

式中：U 为圆周速度；ω 为角速度；n 为转数；r 为涡轮叶片平均直径；β 为叶片对涡轮轴线的夹角。

$$f = nZ \qquad (4-34)$$

式中：f 为脉冲频率；Z 为涡轮叶片数。

则有

$$Q = AV = A\frac{U}{\tan\beta} = A\frac{\omega r}{\tan\beta} = A\frac{2n\pi r}{\tan\beta} = A\frac{2\pi r}{\tan\beta} \cdot \frac{f}{Z} \qquad (4-35)$$

$$\xi = \frac{Z\tan\beta}{2\pi r A} \qquad (4-36)$$

瞬时流量为
$$Q = \frac{f}{\xi} \qquad (4-37)$$

累积流量为
$$V = \frac{N}{\xi} \qquad (4-38)$$

式中：ξ 为流量系数，表示单位体积流量所对应的脉冲数；N 为脉冲总数。

在涡轮流量计的安装与使用中应注意：为保证测量精度，变送器上游直管段不小于 $20D$，下游侧不小于 $15D$，其中 D 为管道直径；在变送器安装时，流体方向应与变送器铭牌上指示的流向箭头相符；变送器上游直管段前应装 $20\sim60$ 目的过滤器，确保流体中无杂物；变送器出厂时是用常温水标定的，若被测介质与常温水性质不同时，仪表常数应加以修正，或重新用实际要测的介质标定，但对于运动黏度不大于 $5\ \mathrm{mm}^2/\mathrm{s}$ 的介质，不必重新标定。

4.3.6　超声波流量计

超声波流量计是一种基于超声波在流动介质中传播速度等于被测介质的平均流速与声波在静止介质中速度的矢量和的原理开发的流量计，主要由换能器和转换器（或称为电子线路及流量显示和累积系统）组成。换能器负责将电能转换为超声波能量并发射到被测流体中，同时接收返回的超声波信号，转换器则负责将接收到的超声波信号转换为电信号，并进行处理和显示。

4.3.6.1 超声波流量计原理

流速不同会使超声波在流体中传播的速度发生变化，通过分析计算改变的超声波信号可以检测到流体的流速，进而可以得到流量值。

这里将主要介绍传播速度差法和多普勒法。

设超声波传递速度为 c，流体的流速为 v，则超声波顺流传播速度为 $c_1 = c + v$，传播时间 $t_1 = L/(c+v)$，超声波逆流传播速度为 $c_2 = c - v$，传播时间 $t_2 = L/(c-v)$。由此可得

时间差为
$$\Delta t = t_2 - t_1 = 2vL/(c^2 - v^2) \approx 2vL/c^2 \qquad (4-39)$$

流速为
$$v = \frac{c^2 \Delta t}{2L} \qquad (4-40)$$

流量为
$$Q = Av = mD^2 c^2 \Delta t/8L \qquad (4-41)$$

1) 传播速度差法

传播速度差法由 2 个超声波发射换能器和 2 个超声波接收换能器组成，如图 4-19 所示，F_1、F_2 为超声波发射换能器，J_1、J_2 为超声波接收换能器。

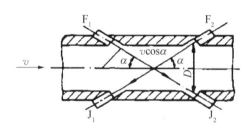

图 4-19 传播速度差法原理图

通过测量超声波脉冲在顺流和逆流传播过程中的速度之差来得到被测流体的流速。设超声波传递速度为 c，流体的流速为 v，管道直径为 D。

F_1 到 J_2 超声波传播速度为

$$c_1 = c + v\cos\alpha \qquad (4-42)$$

F_2 到 J_1 超声波传播速度为

$$c_2 = c - v\cos\alpha \qquad (4-43)$$

因此，流体的速度为

$$\nu = \frac{c_1 - c_2}{2\cos\alpha} \tag{4-44}$$

测量速差的方法有时差法、相差法和频差法。

（1）时差法。基于测量顺、逆流传播时由于超声波传播速度不同而引起的时间差。

顺流传播时间为

$$t_1 = \frac{\dfrac{D}{\sin\alpha}}{c + \nu\cos\alpha} + \tau \tag{4-45}$$

逆流传播时间为

$$t_2 = \frac{\dfrac{D}{\sin\alpha}}{c - \nu\cos\alpha} + \tau \tag{4-46}$$

时间差为

$$\Delta t = |\, t_2 - t_1 \,| = \frac{2D\nu\cos\alpha/\sin\alpha}{c^2 - \nu^2\cos\alpha} \approx \frac{2D\nu}{c^2}\frac{1}{\tan\alpha} \tag{4-47}$$

可以得到流速

$$\nu = \frac{c^2 \Delta t \tan\alpha}{2D} \tag{4-48}$$

流量正比于时间差：

$$Q = A\nu = \frac{\pi D^2}{4} \cdot \frac{c^2 \Delta t \tan\alpha}{2D} = \frac{\pi}{8}Dc^2\tan\alpha\,\Delta t \tag{4-49}$$

$$\Delta t = |\, t_2 - t_1 \,| = \frac{\dfrac{2D\nu\cos\alpha}{\sin\alpha}}{c^2 - \nu^2\cos\alpha} \approx \frac{2D\nu}{c^2}\frac{1}{\tan\alpha} \tag{4-50}$$

（2）相差法。基于测量顺、逆流传播时超声波信号的相位差。F_1 和 F_2 发射角频率为 ω 的连续超声波，则 J_1 和 J_2 接收到的信号相位差为

$$\Delta\varphi = \omega\frac{2D\nu}{c^2}\frac{1}{\tan\alpha} \tag{4-51}$$

$$\nu = \frac{\Delta\varphi c^2 \tan\alpha}{2D\omega} \tag{4-52}$$

流量正比于相位差：

$$Q = A\nu = \frac{\pi D^2}{4} \cdot \frac{c^2 \Delta\varphi \tan\alpha}{2D\omega} = \frac{Dc^2 \tan\alpha}{16f}\Delta\varphi \tag{4-53}$$

$$f = \frac{\omega}{2\pi} \tag{4-54}$$

（3）频差法。基于顺流和逆流重复发射频率的频率差分别为

$$f_1 = \frac{c + \nu\cos\alpha}{\dfrac{D}{\sin\alpha}} = \frac{1}{D}(c + \nu\cos\alpha)\sin\alpha \tag{4-55}$$

$$f_2 = \frac{c - \nu\cos\alpha}{D/\sin\alpha} = \frac{1}{D}(c - \nu\cos\alpha)\sin\alpha \tag{4-56}$$

流量正比于频率差：

$$Q = \frac{\pi D^2}{4} \times \frac{D\Delta f}{\sin 2\alpha} = \frac{\pi D^3 \Delta f}{4\sin 2\alpha} \tag{4-57}$$

2）多普勒法

多普勒法利用声学多普勒原理确定流体流量：超声波在传播路径上如遇到微小固体颗粒或气泡会被散射。多普勒法正是利用超声波被散射这一特点工作的，所以多普勒法适合测量含固体颗粒或气泡的流体，但由于散射粒子或气泡是随机存在的，流体传声性能也有差别。多普勒效应是指，当声源和目标之间有相对运动时，会引起反射声波与声源在频率上的变化，这种频率变化正比于运动目标和静止的换能器之间的相对速度。

$$f_d = \frac{\nu(\cos\theta_1 + \cos\theta_2)}{\lambda_i} \tag{4-58}$$

式中：θ_1 为物体至光源方向与物体运动方向间的夹角；θ_2 为物体至观察者方向与物体运动方向间的夹角。

多普勒超声波流量计原理如图 4-20 所示。从发射换能器（发射晶体 T_1）

发射的超声波束遇到流体中运动着的颗粒或气泡,再反射回来由接收换能器(接收晶体 R_1)接收,发射信号与接收信号的多普勒频移与流体流速成正比:

$$\Delta f = f_1 - f_2 = \frac{2f_1 \cos\theta}{c} \nu \tag{4-59}$$

$$q_\nu = \frac{Ac}{2f_1 \cos\theta} \Delta f \tag{4-60}$$

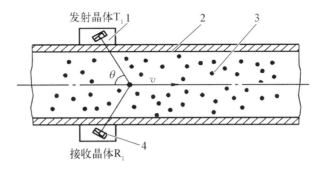

1—发射换能器;2—管道;3—散射粒子;4—接收换能器。

图 4‑20　多普勒超声波流量计原理图

4.3.6.2　超声波流量计的安装

超声波流量计由换能器与转换器组成,换能器安装分为固定安装和可移动安装。固定安装有短管型和插入型,如图 4‑21(a)~(b)所示,其中插入型适用于大型管道,测量精度远低于短管型。可移动安装的换能器如图 4‑21(c)所示,其安装在测量管道外表面,安装时不需要切割管道,维修时不需要切断流体,但不能用于衬里或结垢太厚的管道,以及衬里与内壁剥离或锈蚀严重的管道。

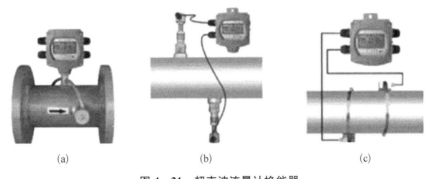

(a)　　　　　　　　　(b)　　　　　　　　　(c)

图 4‑21　超声波流量计换能器

(a) 短管型;(b) 插入型;(c) 外夹型

时差法超声波流量计的换能器常用单通道、双声道等几种声道传播，最多六声道。单声道换能器布置有 Z 法（透射法）和 V 法（反射法），双声道有 X 法、2V 法和平行法。

超声波流量计有以下特点：流体中不插入任何元件，对流速无影响，也没有压力损失；能用于任何液体（如含有颗粒、悬浮物的介质、冷却循环水、活性污泥、泥浆、矿浆、电厂飞灰水、选矿液、含水原油），也能测量气体的流量；属于非接触式仪表，适于测量不易接触和观察的流体以及大管径流量；量程比较宽，可达 5∶1；输出与流量之间呈线性。但超声波流量计只能用于测量 200 ℃ 以下的流体，并且结构复杂，成本较高。

思考题

1. 伯努利方程及其物理和几何意义是什么？
2. 常用的流量测量方法有哪些？简述常用工业流量计的种类和测量原理。
3. 简述电磁流量计的结构及优缺点。

第5章
流速测量

在工程实践中,流速测量是一项至关重要的任务。它涉及空气、水、油或其他液体介质的速度测定,在气象观测、环境监测、能源开发及工业流程控制等领域具有广泛的应用。

5.1 基本概念和测量方法

流速是指液体或气体在单位时间内流过的距离,是描述流体运动快慢的物理量,表示流体在每秒内所移动的距离。流速测量的主要方法主要有机械法、动力测压法、散热率法及激光测速法。

机械法:通过流体对机械部件的作用,如推动叶片转动来测量流速。这种方法直观简单,适用于多种流体介质。

动力测压法:基于伯努利方程,通过测量流体的总压和静压来间接计算流速。这种方法对流体介质无特殊要求,测量精度高。

散热率法:利用流体对热源的散热作用来测量流速。通常通过测量热源在不同流速下的温度变化来推算流速。

激光测速法:利用激光多普勒效应来测量流速场。这种方法具有非接触、高精度、快速响应等优点,特别适用于复杂流场的测量。

流速测量的主要仪器有叶轮风速仪、皮托管测速仪、热电风速仪及激光多普勒测速仪等。

叶轮风速仪:机械法流速测量的主要仪器,包括翼式和杯式 2 种类型。通过测量叶片的转速来推算流速,适用于多种流体介质和流速范围。

皮托管测速仪:动力测压法流速测量的主要仪器。皮托管可以测量流体的总压和静压,进而计算流速。它有多种形式,如标准皮托管、L 形皮托管、S 形皮托管等,适用于不同流体介质和测量环境。

热电风速仪:散热率法流速测量的主要仪器。通过测量热源在不同流速下的温度变化来推算流速,适用于对测量精度要求较高的场合。

激光多普勒测速仪:激光测速法的主要仪器。利用激光多普勒效应测量流速场,具有非接触、高精度、快速响应等优点,适用于复杂流场的测量。

5.2　流速测量仪器

能源动力领域常用的流速测量仪器包括叶轮风速仪、皮托管测速仪、热线风速仪、激光多普勒测速仪。

5.2.1　叶轮风速仪

利用机械法测量风速的叶轮风速仪,主要分为翼式和杯式两大类别,如图 5-1 所示。这两者的测量原理都基于空气流动时推动叶片转动的现象。具体而言,就是通过监测叶片的角位移或转速,可以推算出通过的风量或流速。

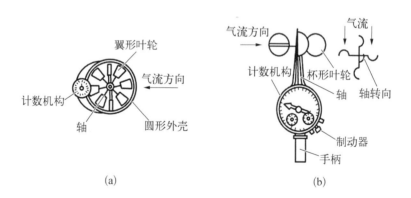

(a)　　　　　　　　　　　　　　(b)

图 5-1　叶轮风速仪

(a) 翼式风速仪;(b) 杯式风速仪

翼式机械式风速仪如图 5-2 所示,能够测定 0.6～40 m/s 的气流速度。它不仅能够测量脉动气流,还能准确捕捉速度的最大值、最小值及平均流速,测量精度高达±0.2 m/s。特别适用于大型管道内的气流速度场测量,尤其当气流湿度较高时,翼式风速仪仍能保持稳定性能。在使用时,必须确保翼式风速仪的叶轮完全置于气流流场中,同时,叶轮叶片的旋转平面与气流方向之间的夹角应尽量保持在±10°以内,以保证测量结果的准确性。

图 5-2 翼式机械式风速仪

图 5-3 杯式机械式风速仪

杯式机械式风速仪如图 5-3 所示,其机械强度较大,测量上限大,可测定 0.6～70 m/s 的气流速度,用于观测大气中的瞬时风速、平均风速。杯式机械式风速仪还具有风速报警设定和报警输出控制、交直流自动切换的功能,测量精度为±0.3 m/s。

5.2.2 皮托管测速仪

皮托管(Pitot tube),又称风/空速管,是法国数学家 Henri Pitot 于 18 世纪发明的传统测量流速的传感器,一般与差压仪配合使用,可以测量被测流体的压力和差压,或者间接测量被测流体的流速。皮托管测量流速时可以测量出流体的流速分布及流体的平均流速,如果被测流体及其截面是确定的,还可以利用皮托管测量流体的体积流量或质量流量。

皮托管的工作原理如图 5-4 所示,在一个流体以速度 v 均匀流动的管道里,安置一个弯成 90°的细管。设管端中心的压力为 p_0,而与细管同一深处流体未受扰动处的压力为 p,流速为 v,流体密度为 ρ,则由伯努利方程得

$$p + \frac{\rho v^2}{2} = p_0 \ \text{或} \ \frac{\rho v^2}{2} = p_0 - p \quad (5-1)$$

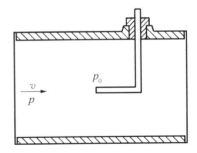

图 5-4 皮托管的工作原理

式中：p_0 为总压力，Pa；p 为静压力，Pa；$\rho v^2/2$ 为动压力。该式表明了动压力为总压力与静压力之差。

导出流速与动压之间的关系为

$$v = \sqrt{\frac{2}{\rho}(p_0 - p)} \tag{5-2}$$

但实际用来测量的总压力和静压力的开孔是位于不同位置的，并且位于静压孔的流体受到扰动。这样实际测量时必须根据皮托管的形状、结构、几何尺寸等因素的不同进行修正，即

$$v = K_P \sqrt{\frac{2}{\rho}(p_0 - p)} \tag{5-3}$$

式中：K_P 为皮托管速度校正系数，S 形皮托管一般为 $0.83 \sim 0.87$，标准皮托管一般为 0.96 左右。

对可压缩流体应考虑流体的压缩性，并进一步修正：

$$v = K_P K \sqrt{\frac{2}{\rho}(p_0 - p)}, \quad K = \left(1 + \frac{Ma^2}{4} + \frac{2-k}{24}Ma^4 + \cdots\right)^{-0.5} \tag{5-4}$$

式中：k 为流体等熵指数；Ma 为马赫数，$Ma = v/C$，C 为该流体中的声速。

当流速不大时，即 $Ma < 0.2$ 的可压缩流体，可不进行修正；当流速很大时，即 $Ma > 0.2$ 的可压缩流体，需要进行压缩性修正；在标准状态下的空气，$Ma = 0.2$ 时，相应的流速约为 $70\ \mathrm{m/s}$，如果被测的流体是高温烟气，$Ma = 0.2$ 时所对应的烟气流速则更高。

5.2.2.1 皮托管的形式

如图 5-5 所示，标准皮托管是一个弯成 $90°$ 的同心管，主要是由感测头、管身及总压和动压引出管组成。感测头端部呈锥形、球形或是椭圆形，如图 5-6 所示，总压测孔位于感测头端部，与内管连通，用来测量总压。在外管表面靠近感测头端部的适当位置上有一圈小孔，称为静压孔。标准皮托管测量精度较高但是静压孔很小，用于测量清洁空气的流速，或对其他结构类型的皮托管及其他的流速仪表进行标定。

L 形皮托管（内含 K 型热电偶）如图 5-7 所示，顶端为椭圆形，皮托管材质

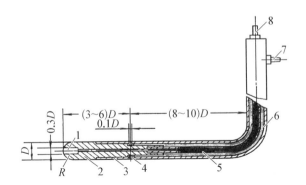

1—总压测孔；2—感测头；3—外管；4—静压孔；5—内管；
6—管柱；7—静压引出管；8—总压引出管。

图 5-5　标准皮托管

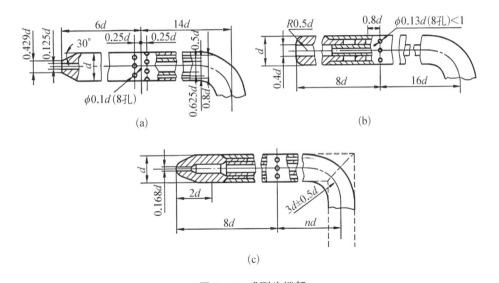

图 5-6　感测头端部

(a) 锥形头；(b) 球形头；(c) 椭圆头

为不锈钢,前端为全压输入口,侧面的六个小孔为静压输入孔。内置 K 型热电偶温度探头,温度连接电缆长度为 1.5 m。

　　S 形皮托管如图 5-8 所示,由 2 根相同的金属管组成,感测头端部制作成方向相反的 2 个相互平行的开口。测定时,一个开口面向气流,用来测量总压,另一个开口背对气流,用来测量静压,S 形皮托管可用于测量含尘浓度较高的气流和黏度较大的液体。

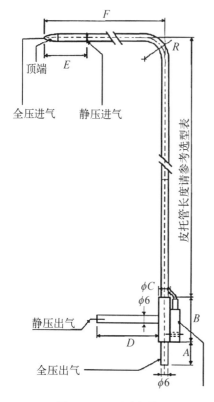

图 5-7 L 形皮托管

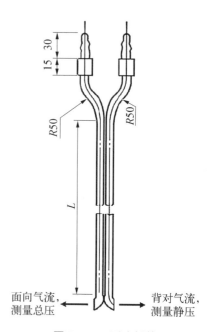

图 5-8 S 形皮托管

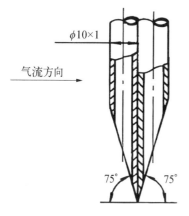

图 5-9 直形皮托管

直形皮托管如图 5-9 所示,使用 2 根相同的金属管并联,在外面套一根金属管焊制而成,测端为 2 个相对并相等的开口,对于厚壁风道的空气流速测定,可以使用 S 形皮托管,也可以使用直形皮托管。

用标准皮托管、S 形皮托管、直形皮托管测风速时,往往需要测出多点风速而得到平均风速,很不方便。如果使用动压平均管(包括阿牛巴皮托管、笛形管)测量平均风速则非常方便,其结构如图 5-10 所示。这种测量平均风速的办法只适用于圆形风道,思路是把风道截面分成若干个面积相等的部分,如分成 4 个部分,选取合适的测点位置,测出各个小面积的总压力值,然后取 4 个小面积

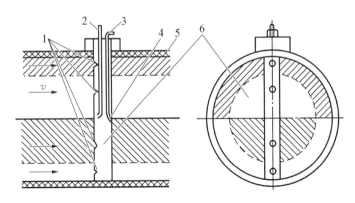

1—总压孔;2—总压导管;3—静压导管;4—静压孔;5—管道;6—均速管。

图 5 - 10　动压平均管

的总压力平均值作为整个测量截面上的平均总压力。

5.2.2.2　皮托管的使用条件

皮托管作为测速工具,对测速条件有严格的要求。首先,为了确保测量的准确性,皮托管的总压力孔直径上的雷诺数(Re)必须大于 200。然而,S 形皮托管由于其较大的测端开口,在测量低流速时容易受到涡流和气流不均匀的影响,导致灵敏度降低。因此,通常不建议使用 S 形皮托管测量低于 3 m/s 的流速。

当面对管道截面较小的情况时,由于相对粗糙度的增大及皮托管插入后扰动的增强,测量误差会相应增大。为了控制误差,一般规定皮托管直径与被测管道直径(内径)之比不超过 0.02,最大不应超过 0.04。此外,为确保测量精度,管道内壁的绝对粗糙度 K 与管道直径 D 之比(即相对粗糙度 K/D)应不大于 0.01,这意味着管道内径一般应大于 100 mm。

在使用 S 形皮托管或其他类型的皮托管之前,必须在风洞中进行校正。校正过程涉及在风洞中以不同速度分别使用标准皮托管和被校皮托管进行对比测定。两者测得的速度之比,即为被校皮托管的校正系数 K_P。在使用皮托管时,务必确保其总压孔正对流体流动方向,且轴线与流速方向保持一致,以避免因角度偏差导致的测量误差(例如,偏 10° 可能引发 3% 的误差)。

值得注意的是,标准皮托管的静压孔非常小,因此在测量过程中应防止气流中的颗粒物质堵塞静压孔,以免造成显著的测量误差。

在液体管道流动中,流动状态分为低速层流和高速紊流 2 种,如图 5 - 11 所

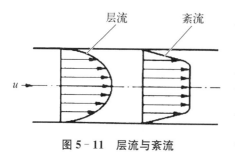

图 5-11 层流与紊流

示。由于同一截面上的各点流速不尽相同,但往往需要知道流体的平均速度,因此测点的选择变得至关重要。接下来,将详细介绍如何根据不同的流动状态选择合适的测点。对于层流和湍流截面上各点的流速分布公式如下所示。

层流为

$$v = v_0 \left[(1 - r/R)^2 \right] \tag{5-5}$$

紊流为

$$v = v_0 (1 - r/R)^{\frac{1}{n}}, \ R_d \leqslant 50\,000, \ n = 7 \tag{5-6}$$

式中,v_0 为流体在管道中心线上的流速,r 为截面上各点与中心线的垂直距离,R_d 为管道截面半径。n 为指数,与雷诺数 Re 有关。

如果在测量位置上流体流动已经达到典型的紊流速度分布,可以利用以下 2 种方法求出平均速度:① 测出管道中心流速,按照公式或图表便可求得流体平均速度;② 测出距离管道内壁 $(0.242 \pm 0.08)R$(R 为管道内截面半径)处的流速,作为流体平均速度。

如果测量位置上流体流动未达到充分紊流时,则应该在截面上多测几点的流速,以便求得平均速度。此时测点是在数学模型的基础上选择的,由于数学模型的差异,选择测点也有不同,这里仅介绍一种常用的中间矩形法。

中间矩形法如图 5-12 所示,是将管道截面分成若干个面积相等的小截面,测点选择在小截面的某一点上,以该点的流速作为小截面的平均流速,再以各小截面的平均流速的平均值作为管道内流体的平均速度。

对于圆形管道,将管道截面分成若干个面积相等的圆环(中间是圆),再将每个圆环(或圆)分成两个等面积圆环(或中间是圆),测点选在面积等分线上,如图 5-13 所示,测点位置由式(5-7)确定:

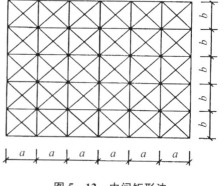

图 5-12 中间矩形法

$$r_i = R\sqrt{\frac{2i-1}{2n}} \qquad (5-7)$$

式中：n 为圆形管道截面等分数；R 为圆形管道半径（内径）；i 为等分截面的序号，$i=1, 2, 3, \cdots$；r_i 为第 i 个等分截面上测点半径（圆心在管道轴线上）。

考虑到流体在圆形管道中的实际流速分布并不完全轴对称，因此在以 r_i 为半径的圆环上要选 4 个等分点作为测点。因此，对于一个 n 等分的圆形管道来说，测点数 $N=4n$。

$$\begin{cases} r_1 = R\sqrt{\dfrac{1}{2n}} \\[2mm] r_2 = R\sqrt{\dfrac{3}{2n}} \\[2mm] r_3 = R\sqrt{\dfrac{5}{2n}} \\[1mm] \vdots \\[1mm] r_i = R\sqrt{\dfrac{2i-1}{2n}} \end{cases} \qquad (5-8)$$

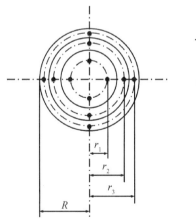

图 5-13　等面积圆环法

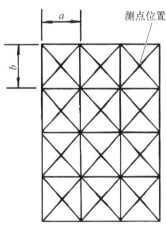

图 5-14　矩形管道测点布置

对于矩形管道，可把截面分成其数量与测点数相同的等面积矩形测区。每个面积的长 a 与宽 b 之比为 1～2，并将测点布置在各等面积测区的矩心上，如图 5-14 所示。

$$d = 2\,\frac{ab}{a+b} \qquad\qquad (5-9)$$

在进行流速测量时,断面分区的数量取决于所需的准确度和流速分布的均匀性,与管道断面尺寸无关。对于速度分布相同或相近的 2 个管道(尽管它们的断面不同),需要以相同的测点数(当然测定方法要相同)测量,才能得到准确度相同的平均速度值。流速分布的均匀性在满足测定条件的情况下,主要与被测定流体断面的位置有关。要想达到相同的准确度,在流速分布均匀性不同时,在不同位置的被测流体断面上,所布置的测点数也不相同。

5.2.2.3 平均流速的计算

虽然前面已经给出了流速的基本计算公式,但是在现场测试时,为方便起见,需要变换成另外一种形式。根据玻意耳-查理定律,即恒温下,气体的体积与压力成反比;在一定压力下,气体的热膨胀率与气体的种类无关,几乎保持同一值。

$$\rho = \frac{p}{RT} \qquad\qquad (5-10)$$

式中:ρ 为被测气体的密度,kg/m³;p 为被测气体的绝对静压力,Pa;T 为被测气体的热力学温度,K;R 为气体常数,J/(kg·K)。

将式(5-10)代入流速的基本计算公式可以得到平均流速

$$v = K_P\sqrt{\frac{2RT}{p}} \cdot \sqrt{p_0 - p} \qquad\qquad (5-11)$$

管道内流体平均速度为各测点流速的平均值,即

$$\bar{v} = K_P\sqrt{\frac{2RT}{p}} \cdot \frac{1}{N}\sum_{i=1}^{n}\sqrt{(p_0 - p)_i} \qquad\qquad (5-12)$$

式中:$\bar{v}$ 为被测流体的平均速度,m/s;N 为测点数;i 为测点序号,$i=1, 2, 3, \cdots$。

值得注意的是求流体平均速度时,需要计算各测点动压平方根的平均值,而不是各测点动压平均值的平方根。

5.2.3 热线风速仪

利用被加热的金属丝,又称热线或热球,将其置于待测的流体环境中。基于

发热金属丝的散热率与流体流速成比例的特性,能够通过测定金属丝的散热率来间接获取流体的流速。这一技术的理论基础最早由克英(King)在 1914 年奠定,随后在 1934 年,择娄(Ziegler)成功研制出首个恒温热线风速仪,进一步推动了该技术的发展。热线风速仪外形如图 5－15 所示。

热线风速仪的核心原理是将一个通电的带热体置于待测的气流中。当气流速度增大时,带热体的散热量也随之增加。热线风速仪主要分为热球风速仪和热敏电阻恒温风速仪 2 种类型。热球风速仪的工作原理是保持通过带热体的电流恒定,因此带热体产生的热

图 5－15　热线风速仪

量也是恒定的。随着周围气流速度的提高,带热体的温度会相应降低,通过测量带热体的温度,就能推算出气流的速度。而热敏电阻恒温风速仪则采用另一种方式,它保持带热体的温度恒定,随着气流速度的增大,为了维持这一恒定温度,通过带热体的电流会相应增加。因此,通过测量流过带热体的电流,同样可以准确测量风速。

当被测流体通过被电流加热的金属丝或金属膜时,会带走热量,使金属丝的温度降低,金属丝温度降低的程度取决于流过金属丝的气流速度和气流温度。当热球向流体散热达到热平衡时,单位时间热球产生的热量 Q_R 应与热球对流体的放热量 Q 平衡。

热平衡公式为

$$Q = Q_R \tag{5-13}$$

热球产热量公式为

$$Q_R = I_w^2 R_w \tag{5-14}$$

热球放热量公式为

$$Q = \alpha F(T_w - T_f) \tag{5-15}$$

式中:I_w 为流经热球的电流,A;R_w 为热球的电阻,Ω;α 为热球对流传热系数,W/(m²·K);F 为热球换热面积,m²;T_w、T_f 为热球和流体的温度,℃。

气流流过热球时的换热属于层流对流换热,根据层流对流传热的经验公式,

可将 $Q = Q_R$ 改写为

$$\begin{cases} I_w^2 R_w = (a' + b'u^n)(T_w - T_f) \\ a' = \dfrac{a\lambda F}{d}, \ b' = \dfrac{b\lambda F d^{n-1}}{\nu^n} \end{cases} \quad (5-16)$$

式中：n、a'、b'、a、b 均为常数；ν 为流体的运动黏度，m^2/s；u 为流体的流速，m/s；d 为热球直径，m；λ 为流体的导热系数，$W/(m \cdot K)$。

热球的电阻值随温度变化的规律为

$$R_w = R_f[1 + \beta(T_w - T_f)] \quad (5-17)$$

$$(T_w - T_f) = \dfrac{\dfrac{R_w}{R_f} - 1}{\beta} \quad (5-18)$$

式中：β 为热球的电阻温度系数；R_f 为热球在温度 T_f 时的电阻，Ω。进行整理得到

$$I_w^2 R_w = \dfrac{(a' + b'u^n)}{\beta}\left(\dfrac{R_w}{R_f} - 1\right) \quad (5-19)$$

$$I_w^2 R_w R_f = (a'' + b''u^n)(R_w - R_f) \quad (5-20)$$

因此，流体的速度只是流过热球的电流和热球电阻（热线温度）的函数，只要固定电流和电阻 2 个参数中的任何一个，就可以获得流体速度与另一个参数的单值函数关系。

5.2.3.1 恒流型热线风速仪

如图 5-16 所示，热球风速仪（恒流型热线风速仪）主要由 2 个独立电路组成：一是供给带热体恒定电流的回路；二是测量带热体温度的回路。使用热球风速仪时，应首先调节通过带热体的电流，使其为定值，再将带热体置入被测气流中。被测风速越大，带热体散出的热量也越多，而带热体所带的热量一定，因此带热体温度降低，反之带热体温度升高。

带电体是一个金属线圈或金属薄膜，测量带热体温度采用铜-康铜热电偶，将两者封入一个体积很小的玻璃球内，这个玻璃球便是测量风速的传感器，装于测杆顶部。带热体两端及热电偶两端的 4 根引线通过插头与二次仪连接。二次

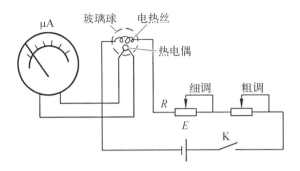

图 5‑16　热球风速仪原理图

仪表主要由电源、放大和显示等部分组成。近年来采用低功耗大规模集成电路，被测风速或温度由 LED 液晶显示。

　　热球风速仪反应灵敏，使用方便，特别是数字热球风速仪体积小、功耗低，调节旋钮少、质量轻，并且可以同时测量被测风速和风温。其量程下限值可达 0.05 m/s，分辨率为 0.01 m/s，标定误差小于 5%。风温测量分辨率为 0.1 ℃，标定误差为±0.5 ℃。热球风速仪的测头是在变温变阻状态下工作的，容易使测头老化，造成性能不稳定，而且在热交换时测头的热惯性对测量也有一定影响。热敏电阻恒温风速仪利用温度核定的原理工作，克服热球风速仪由于变温变阻所产生的缺陷，但是功耗大。

5.2.3.2　恒温型热线风速仪

　　对于恒流型热线风速仪，测速探头在变温变阻状态下工作，敏感元件易老化、稳定性差，因此发展出恒温型热线风速仪，也称为热敏电阻恒温风速仪，恒温型热线风速仪测杆如图 5‑17 所示。在工作过程中，始终保持热线温度 T_w 为常数，则可通过测得流经热线的电流值来确定流体的速度，关系式如下：

$$\begin{cases} I_w^2 = a''' + b''' u^n \\ a''' = \dfrac{(R_w - R_f)a''}{R_w R_f}, \ b''' = \dfrac{(R_w - R_f)b''}{R_w R_f} \end{cases} \quad (5\text{-}21)$$

测量电路中，测量惠斯登电桥的桥顶电压，可以得到

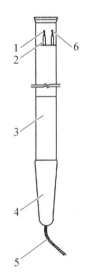

1—风速测头（热敏电阻）；2—铂丝引线；3—测杆；4—手柄；5—导线；6—风温补偿热敏电阻

图 5‑17　恒温型风速仪测杆

$$E^2 = A + Bu^n \qquad (5-22)$$

恒温型热线风速仪的风速测头采用珠状热敏电阻,直径为 0.5 mm,优点是体积小,对气流的阻挡作用小,热惯性小,灵敏度高。测速下限可达 0.04 m/s,当风速在 4~50 ℃ 范围内变化时,风温自动补偿的精度为满刻度的 ±1%。常用于常温、常湿条件下的清洁空气气流的速度。

5.2.3.3 热线风速仪探头

热线风速仪一维探头包括热线、热膜及线-膜复合型,热线又包括微型热线及镀金热线,如图 5-18 所示,热线探头的特点是高精度,动态性能好,对流场影响非常小,但容易损坏。热膜探头是在石英基体表面沉积一层薄镍,达到防止腐蚀、破坏等效果,如图 5-19 所示。线-膜复合探头是在细的石英纤维表面沉积一层镍,如图 5-20 所示。热线风速仪探头还有二维探头[见图 5-21(a)]和三维探头[见图 5-21(b)]。

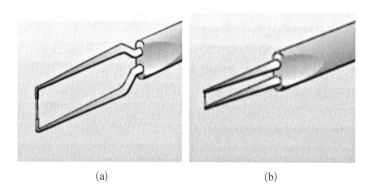

(a)   (b)

图 5-18 热线探头

(a) 微型热线探头;(b) 镀金热线探头

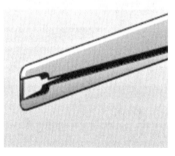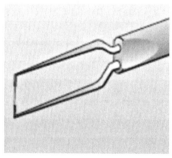

图 5-19 热膜探头   **图 5-20 线-膜复合探头**

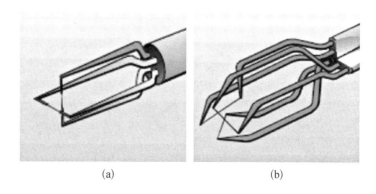

图 5‑21　多维探头

（a）二维探头（X 形）；（b）三维探头

5.2.4　激光多普勒测速仪

激光多普勒测速仪由激光器、精心设计的光学系统及先进的信号处理系统等多个关键部分构成。激光/超声波多普勒测流速法的核心原理在于仪器发射出具有特定频率的激光/超声波。当这些波束照射到正在移动的被测物体（无论其是接近还是远离观测点）时，反射回来的波频率将发生变化，这一变化现象称为频移。具体来说，接收到的频率是根据公式（光速±物体移动速度）/波长计算得出的。鉴于光速和波长均为已知值，仅需将接收到的频率经过频率-电压转换，并与原始数据进行对比和精确计算，即可准确地推断出被测物体的运动速度。

当激光照射到跟随流体一起运动的微粒时，微粒散射的散射光频率将偏离入射光频率（这种现象就叫激光多普勒效应），其中散射光频率 f_s 与静止光源（入射光源）的光波频率 f_0 的频率偏移量称为多普勒频移 f_D。

如图 5‑22 所示，多普勒频移 f_D 与微粒的运动速度（即流体的流速）u 成正比。因此，测出多普勒频移 f_D 就可以测得流体的速度。

多普勒频移 f_D 为

$$f_D = f_s - f_0 = f_0 \frac{c - v e_0}{c - v e_s} - f_0 = f_0 \frac{v(e_s - e_0)}{c - v e_s} \tag{5-23}$$

式中：c 为光速；e_s 为粒子散射光相对于接收器方向的单位向量；e_0 为粒子散射光在光速方向的单位向量。

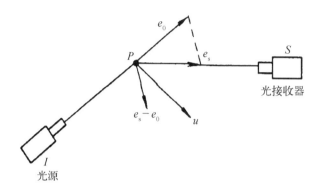

图 5‑22　粒子发出散射光的多普勒频移

使用激光多普勒测速仪进行流场测量具有以下特点：属于非接触式测速，对流场无干扰；空间分辨率高，无惯性，频响特性好；测速范围广，可从 10^{-3} mm/s 的低速到超声速；测量精度不受流体折射率以外的其他物理性能及温度、压力等参数的影响；测量方向特性稳定；可以测量逆流现象中循环流的湍流速度成分；但测量系统庞大、昂贵，通常在实验室中使用。

5.3　流速测量仪表的校验与标定

被校风速仪表与标准风速仪表一般在风洞中进行对比实验。风洞是具有一定形状的管道，可以在管道中造成具有一定参数的气流。

风洞的结构如图 5‑23 所示。

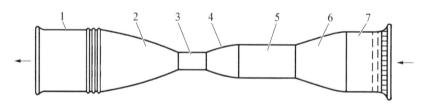

1—风机段；2—扩散段；3—测量段；4—细收缩段；5—工作段；6—粗收缩段；7—稳定段。
图 5‑23　风洞结构

气流由稳定段导入，经导直整流形成流场均匀的气流。稳定段包括蜂窝器、阻尼网和一定长度的直管段，经粗收缩段的气流进入工作段。工作段是校验中速风速仪表的直管段，工作段流场均匀度小于 2%，流场稳定度小于 1%。经细收缩段的气流进入测量段。测量段是校验高速风速仪表的直管段,流场均匀度小于 2%,稳定度小于 1%。经扩散段的气流由轴流风机排出风洞。

为减小能量损失,风机段入口设有导流装置,包括由可调速直流电机驱动的轴流风机及导流器,它是产生一定参数气流的动力,以保证测量段的均匀度和稳定度。

风洞实验在气动力学领域占据着举足轻重的地位,其应用领域极为广泛,包括航空、航天技术的发展,气流测试仪器的标定,建筑风载性能的评估,交通工具的气动特性研究,大气污染现象的分析,以及各种风力机械和防护林的性能测试等。

被校风速仪表与标准风速仪表读数进行对比试验,以标准表读数为真值绘制被校风速仪表校验曲线。标准风速仪表的传感器为标准皮托管,二次仪表为补偿式微压计,由于风速与被测气流的温度、湿度及大气压有关,因此在进行对比试验时应同时测出温度、湿度和大气压。

中风速仪表校验:中风速仪表校验在工作段进行。

高风速仪表校验:高风速仪表校验在测量段进行。

微风速仪表校验:由于皮托管测量微风速时,测试误差较大,为减小误差,在校验微风速仪表时,将标准皮托管放入测量段,被校风速仪表放入工作段,以标准风速仪表读数除以测量段与工作段风速之比为真值绘制被校风速仪表校验曲线。

皮托管校验:皮托管校验是指确定皮托管动压校正系数,此值称为皮托管系数。确定皮托管系数时,将标准皮托管与被校皮托管对称地安装在测量段的皮托管校验孔座上。在风速测量范围内,改变测量段气流风速,或由低至高,或由高至低,依次测量管段内气流动压,读取 2 个皮托管所测的动压。

为消除仪器误差和读数误差,把 2 个皮托管对调位置,并重复上述过程,读取两者读数,根据皮托管所测的动压,按式(5 - 24)确定被校皮托管系数:

$$K'_P = \sqrt{\dfrac{\sum\limits_{i=1}^{n}\left(\dfrac{X_{10i}}{X_{1i}} \cdot \dfrac{X_{2i}}{X_{20i}}\right)}{\sum\limits_{i=1}^{n}\left(\dfrac{X_{2i}}{X_{20i}}\right)}} K_0 \qquad (5 - 24)$$

式中:K'_P 为被校皮托管系数;K_0 为标准皮托管系数;X_{10i}、X_{1i} 分别为标准和被

校皮托管第 i 次测量得到的动压,Pa;X_{20i} 为对调位置后标准皮托管第 i 次测量得到的动压,Pa;X_{2i} 为对调位置后被校皮托管第 i 次测量得到的动压,Pa;n 为被测量的次数。

为使用和计算方便,将皮托管动压校正系数 K'_P 换算成速度校正系数 K_P,其值由式(5-25)确定:

$$K_P = \frac{K'_P}{2n} \left\{ \sum_{i=1}^{n} \frac{v_{10i}}{v_{1i}} + \sum_{i=1}^{n} \frac{v_{20i}}{v_{2i}} \right\} \tag{5-25}$$

式中:v_{10i} 为标准风速表第 i 次测量值,m/s;v_{1i} 为被校风速表第 i 次测量值,m/s;v_{20i} 为对调位置后标准风速表第 i 次测量值,m/s;v_{2i} 为对调位置后被校风速表第 i 次测量值,m/s。

 思考题

1. 简述流速测量的基本概念和常用方法,以及不同测速方法对应的测量仪器。

2. 热线风速仪的基本原理是什么? 包含哪些种类? 分别有什么特点?

3. 激光多普勒测速的原理是什么?

第 6 章
工程热力学实验

热力学是一门研究物质的能量、能量传递和转换,以及能量与物质性质之间普遍关系的科学。工程热力学是热力学的工程分支,是在阐述热力学普遍原理的基础上,研究原理的技术应用的学科,是能源、动力、化工及环境工程等领域的基础。

工程热力学实验是工程热力学教学内容的重要组成部分。本章包含 5 个实验,分别为 3 个基础型实验(6.1~6.3 节)、2 个综合型实验(6.4~6.5 节),涵盖从基础的物性参数测量实验到面向实际循环装置的制冷循环、朗肯循环实验。通过该系列实验,使学生学会温度、压力、热量、流量等基本热工参数的测量方法,加深对热力系统、状态参数、热力学第一定律、热力学第二定律等基本概念和基本定律的理解和掌握,促进理论联系实际,培养学生的实践能力及创新能力。

6.1 气体定压比热测定实验

单位质量的物体温度每升高 1 ℃所需的热量称为比热容,简称比热。不同热力过程比热是不同的。热动力装置中工质的吸热和放热过程都是可以简化成容积不变或压力不变的过程,因此比定容热容 c_V 和比定压热容 c_p 最具有现实意义。与此同时,测量比热可以很好地理解热力学第一定律,这也是选择比热测量作为实验的一个重要原因。

对同一种气体,c_p 与 c_V 的比值均为常数,故只需确定其中一个便可。气体比定压热容的测定是工程热力学的基本实验之一。实验中涉及温度、压力、热量(电功)、流量等基本量的测量;计算中用到比热及混合气体(湿空气)方面的知识。

实际上,气体的比热是随温度的升高而增大的,需通过实验确定比热与温度的关系。

6.1.1 实验目的

(1)深度理解热力学第一定律,进而掌握气体定压比热测定装置及其基本原理。

(2)熟悉本实验中的测温、测压、测热、测流量的方法。

(3)掌握由基本数据计算出比热和求得比热公式的方法。

(4)分析本实验产生误差的原因及减小误差的可能途径。

(5)增加对气体热物性方面的感性认识,理论联系实际,培养学生分析问题和解决问题的能力。

6.1.2 实验装置及测量系统

本实验装置由风机、流量计、比热仪本体、电功率调节及测量系统 4 个部分组成,如图 6-1 所示。

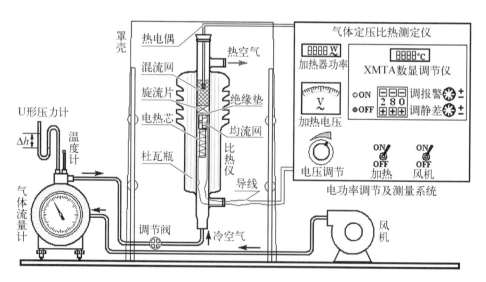

图 6-1　气体定压比热测定实验装置示意图

比热测定仪本体由内壁镀银的多层杜瓦瓶、空气进、出口、热空气出口测温热电偶、电加热器和均流网、绝缘垫、旋流片和混流网等组成。实验时,被测空气由风机经湿式气体流量计送入比热仪本体,经加热、均流、旋流、混流后流出。在此过程中,分别测定:气体经比热仪本体的进出口温度 t_1、t_2;气体的容积流量 q_V;电热器的输入功率 P;以及实验时相应的大气压 p_b 和流量计出口处 U 形管压力表读数 ΔL。 基于这些数据,并查用相应的物性参数,便可计算出被测气体的比定压热容 c_p。

气体的流量由调节阀控制,气体出口温度由输入电热器的功率(电压)来调节。本比热仪可测 240 ℃以下的比定压热容。

6.1.3　实验原理

引用热力学第一定律第二解析式的微分形式:

$$\delta q = \mathrm{d}h - v\mathrm{d}p \tag{6-1}$$

定压时 $\mathrm{d}p = 0$,

$$c_p = \left(\frac{\delta q}{\mathrm{d}T}\right) = \left(\frac{\mathrm{d}h - v\mathrm{d}p}{\mathrm{d}T}\right) = \left(\frac{\mathrm{d}h}{\partial T}\right)_p \tag{6-2}$$

式(6-2)直接由 c_p 的定义导出,故适用于一切工质。

在技术功等于零的气体等压流动过程中,有

$$\mathrm{d}h = \frac{1}{q_m}\mathrm{d}P \tag{6-3}$$

则气体的比定压热容可以表示为

$$c_p \mid_{t_1}^{t_2} = \frac{P}{q_m(t_2 - t_1)} \tag{6-4}$$

式中:q_m 为气体的质量流量,kg/s;P 为气体在等压流动过程中单位时间的吸热量,W。

理想气体的比热是温度的单值函数,该函数关系可表达为

$$c_p = a_0 + a_1 t + a_2 t^2 + \cdots \tag{6-5}$$

式中:a_0、a_1、a_2 均为与气体性质有关的常数。

实验表明,在与室温相差不很远的温度范围内,空气的比定压热容与温度的关系可近似认为是线性的,即可近似表示为

$$c_p = a + bt \tag{6-6}$$

则温度由 t_1 升至 t_2 的过程中所需要的热量可表示为

$$q = \int_{t_1}^{t_2}(a+bt)\mathrm{d}t \tag{6-7}$$

由 t_1 加热到 t_2 的平均比定压热容则可表示为

$$c_p \mid_{t_1}^{t_2} = \frac{\int_{t_1}^{t_2}(a+bt)\mathrm{d}t}{t_2-t_1} = a + b\frac{t_1+t_2}{2} \tag{6-8}$$

6.1.4　实验步骤

(1) 测量气体每流过 6 L,即流量计指针转 3 圈所需的时间 τ_0。

(2) 接通电源,确认电压调节旋钮在最小位置。

(3) 打开测试仪面板上的风机开关,调节节流阀,使气流量保持在预选值附近,打开加热开关。

(4) 顺时针转动电压调节旋钮,设定电加热功率初始值。比热仪出口温度开始上升。

(5) 待出口温度稳定后,测量 6 L 气体通过流量计所需时间 τ、比热仪进口温度 t_1、出口温度 t_2、流量计中气体表压(U 形管压力表读数) Δh,以及电热器的功率 P,并将数据填入实验数据记录表中。

(6) 依次测定其余各工况的相关数值并填入实验数据记录表。实验中需要测定和计算气流温度、水蒸气的质量流量 $q_{m,v}$、干空气的质量流量 $q_{m,a}$、干空气的吸热量 P_a 等数据。

(7) 测试结束后,将电压调节旋钮调至最小位置,关闭加热开关,风机开关保持打开状态,对杜瓦瓶内部进行通风冷却。待比热仪出口温度与环境温度的差值小于 10 ℃时,关闭风机,结束实验。

6.1.5　计算方法

1) 气流温度

气流在加热前的温度 t_1 由流量计出口处的温度计测取,加热后的温度 t_2 由比热仪出口处的测温热电偶测量,从数显温度计上读取。

2）蒸汽和干空气的质量流量

（1）蒸汽的质量流量 $q_{m,\text{v}}$。 在本实验系统中,气流是穿过湿式流量计水箱后供入比热仪的。实验证明,进入比热仪的空气接近饱和空气。因此,可以用比热仪进口温度 t_1 作为湿球温度 t_w 在饱和蒸汽表上查得气流中蒸汽的分压力 p_v,或用式(6-9)计算 p_v (T_w 为湿球绝对温度,$T_\text{w}=t_\text{w}+273.15$):

$$p_\text{v}=10^x \,(\text{Pa}) \tag{6-9}$$

$$x = 12.501\,305 + 0.002\,480\,4T_\text{w} - 3\,142.305/T_\text{w} + 8.2 \times \lg(373.145/T_\text{w})$$

设某实验工况测得流量计每通过 $V(\text{m}^3)$ 气体所花的时间为 $\tau(\text{s})$,则蒸汽的质量流量为

$$q_{m,\text{v}} = \frac{p_\text{v}(V/\tau)}{R_\text{v}T_1} \,(\text{kg/s}) \tag{6-10}$$

式中:R_v 为蒸汽的气体常数,$R_\text{v}=461.5[\text{J}/(\text{kg}\cdot\text{K})]$;$T_1$ 为流量计中湿空气的热力学温度,K。

（2）干空气的质量流量 $q_{m,\text{a}}$。 气流中湿空气的绝对压力为

$$p = 100p_\text{b} + 9.806\,65\Delta L \,(\text{Pa}) \tag{6-11}$$

式中:p_b 为当地大气压,hPa;ΔL 为流量计上 U 形管压力表读数,mmH_2O。

气流中干空气的分压力为

$$p_\text{a} = p - p_\text{v} \,(\text{Pa}) \tag{6-12}$$

干空气的质量流量为

$$q_{m,\text{a}} = \frac{p_\text{a}(V/\tau)}{R_\text{a}T_1} \,(\text{kg/s}) \tag{6-13}$$

式中:R_a 为干空气的气体常数,$R_\text{a}=287.05\,\text{J}/(\text{kg}\cdot\text{K})$;$T_1$ 为流量计中湿空气的热力学温度,K。

3）加热量的测定

电加热器单位时间的加热量(功率)P 可直接由功率表读出。

当湿空气气流由温度 t_1 加热到 t_2 时,其中单位质量蒸汽的吸热量可用式(6-7)计算,对于蒸汽,$a=1.833$,$b=0.000\,311\,1$,故气流中蒸汽的单位时间的吸热量(吸热功率)为

$$P_v = 1\,000q_{m,v} \int_{t_1}^{t_2} (1.833 + 0.000\,311\,1t)\mathrm{d}t \tag{6-14}$$

$$= 1\,000q_{m,v}[1.833(t_2 - t_1) + 0.000\,155\,6(t_2^2 - t_1^2)](\mathrm{W})$$

式中：$q_{m,v}$ 为气流中蒸汽质量流量，kg/s。

若忽略比热仪及导线的散热损失，不计加热器的热效率等，干空气的吸热功率为

$$P_a = P - P_v (\mathrm{W}) \tag{6-15}$$

4）空气的比定压热容 c_p

根据比热的定义，可直接导出干空气由 t_1 定压加热到 t_2 时的平均比定压热容为

$$c_p \mid_{t_1}^{t_2} = \frac{P_a}{q_{ma}(t_2 - t_1)} = \frac{P - P_v}{q_{ma}(t_2 - t_1)}[\mathrm{J/(kg \cdot K)}] \tag{6-16}$$

式中：P_a 为干空气单位时间的吸热量，W；P_v 为水蒸气单位时间的吸热量，W；P 为湿空气单位时间的吸热量，W；$q_{m,a}$ 为干空气的质量流量，kg/s。

实际上，输入比热仪中的热量不可避免地有一部分会散失于环境，散热量的大小主要取决于比热仪的温度状况。因此，精确测定比热值时应计及散热损失。若保持比热仪的进口温度 t_1 和出口温度 t_2 不变，当采用不同的质量流量和加热量进行重复测定时，其散热量变化是不大的。于是，可在测定结果中消除这项散热量的影响。设 2 次测定时干空气的质量流量分别为 $q_{m,a1}$ 和 $q_{m,a2}$，加热器的加热量分别为 P_1 和 P_2，散热量为 ΔP，则达到稳定状况后可以得到如下的热平衡关系

$$P_1 = P_{a1} + P_{v1} + \Delta P = c_p q_{m,a1}(t_2 - t_1) + P_{v1} + \Delta P \tag{6-17}$$

$$P_2 = P_{a2} + P_{v2} + \Delta P = c_p q_{m,a2}(t_2 - t_1) + P_{v2} + \Delta P \tag{6-18}$$

两式相减消去 ΔP 项，得到

$$c_p \mid_{t_1}^{t_2} = \frac{(P_1 - P_2) - (P_{v1} - P_{v2})}{(q_{m,a1} - q_{m,a2})(t_2 - t_1)}[\mathrm{J/(kg \cdot K)}] \tag{6-19}$$

6.1.6 注意事项

（1）实验前进行预习，并估算各工况所需设定的加热电功率，并将估算值填入气体比定压热容测定实验数据记录表中。

（2）切勿在无气流通过的情况下使电热器投入工作，以免引起局部过热而损害比热仪本体。

（3）输入电热器电压不得超过 220 V，气体出口温度最高不得超过 240 ℃。

（4）加热和冷却要缓慢进行，防止比热仪本体及温度计因温度骤然变化和受热不均匀而破裂。

（5）停止实验时，应先将电压开关逆时针调到最小，切断加热电源，勿关闭风机开关，保持对杜瓦瓶内部进行通风冷却。待比热仪出口温度与环境温度的差值小于 10 ℃时，再关闭风机。

6.1.7　数据记录及处理

（1）记录环境数据及实验数据，列于表 6－1 中，并根据相关理论公式进行计算。

室内相对湿度 $\varphi =$ _____；室温 $t_b =$ ____℃；当地大气压 $p_b =$ _____Pa。

表 6－1　气体定压比热测定实验数据记录表

工　况	1	2·	3	备用	备　注
加热功率工况值/W	8	20	35	50	目标值
湿空气加热前温度 t_1/℃					实测
气体表压 ΔL/mmH$_2$O					实测
6 升气体通过时间 τ/s					实测
比热仪出口温度 t_2/℃					实测
电加热器的功率 P/W					实测
水蒸气分压力 p_v/Pa					查表或式(6－9)
水蒸气质量流量 $q_{m,v}$/(kg/s)					式(6－10)
湿空气绝对压力 p/Pa					式(6－11)
干空气质量流量 $q_{m,a}$(kg/s)					式(6－13)
水蒸气吸热功率 P_v/W					式(6－14)

（续表）

工　况	1	2	3	备用	备　注
空气的定压比热 $c_p\mid_{t_1}^{t_2}$/[J/(kg·K)]					式(6-16)
$(t_1+t_2)/2$/℃					

（2）在图 6-2 上绘出平均比热与温度之间的关系曲线，并根据式(6-8)拟合出关系式 $c_p=a+bt$。

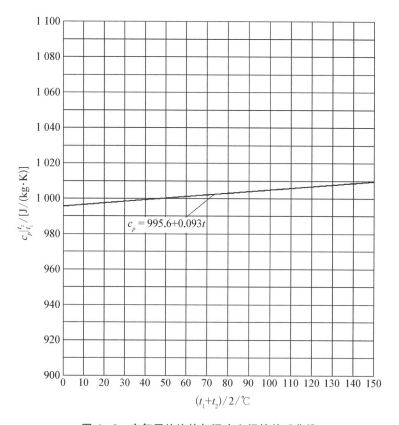

图 6-2　空气平均比热与温度之间的关系曲线

6.1.8　思考题

（1）从热力学第一定律角度，分析实验中漏热对测量数据的影响，漏热使比热增大或减小?

（2）本实验中改善绝热性能的措施有哪些?

（3）气体被加热后，要经过均流、旋流后才测量气体的出口温度，为什么?

（4）进行实验误差分析，说明可能造成实验误差的原因，提出某种适用的减少计算误差的方法。

（5）实验讨论及心得。

6.2　实际气体状态特性测量实验

研究热力过程和热力循环的能量关系时，必须确定工质各种热力参数的值。而研究实际气体的性质，寻求其各热力参数之间的关系，最重要的就是建立实际气体的状态方程。温度 T、压力 p、比体积 v 是工质最基本的热力参数，更是计算热力学能、焓、熵等其他无法直接测量的热力参数的基础。

6.2.1　实验目的

（1）理解理想气体状态方程的含义。

（2）通过实际气体压缩因子的计算，了解理想气体与实际气体的差别。

（3）掌握 p、V、T 等温膨胀法的基本原理和实验操作方法。

（4）测定实际气体的 p、V、T 数据。

6.2.2　实验原理

理想气体的压力、体积和温度之间，是有一定的关联性的，实际气体和理想气体具有相似的特征，但与此同时，也有一定的差异。实际气体并不完全满足理想气体状态方程，实际气体与理想气体的偏离程度通常采用压缩因子来表示，即

$$Z = \frac{pV}{nRT} \tag{6-20}$$

式中：p 为气体压力；T 为气体温度；n 为气体的物质的量；R 为摩尔气体常数。

理想气体的压缩因子恒等于 1，实际气体的压缩因子可以大于 1，也可以小于 1，其偏离理想气体的大小与气体种类、气体的温度和压力状态有关。因此，压缩因子也是一个状态参数。获得压缩因子后，可以通过压缩因子修正对应的

理想气体状态方程,从而获得实际气体状态方程。

本实验利用 Burnett 法(等温膨胀法)测量气体工质的压缩因子,然后利用气体压缩因子的定义计算得到气体密度,避免了测量容积的体积标定和气体质量的称量,实验的测量结果具有较高的精度。原理如图 6-3 所示。

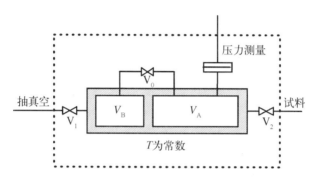

图 6-3 **Burnett 法测量气相性质原理图**

实验本体主要由 2 个容器构成,分别为主容器 A(容积为 V_A)和膨胀容器 B(容积为 V_B),容器间通过阀门连接,将整个装置置于恒温环境中以保证等温膨胀过程。

首先向处于真空状态的主容器中充入一定量的待测气体工质。此时,膨胀容器处于真空状态。主容器内状态方程可以表示为

$$p_0 V_A = n_0 Z_0 RT \tag{6-21}$$

打开膨胀阀,则气体将由主容器向膨胀容器流动,等到温度和压力再次平衡后,主容器中的气体压力记为 p_1。膨胀后主容器和膨胀容器内的压力相同,并且两个容器内氮气的物质的量与膨胀前主容器内的物质的量相同。此时,2 个容器内的状态方程可以表示为

$$p_1(V_A + V_B) = n_0 Z_1 RT \tag{6-22}$$

第 2 次膨胀前,主容器内充满气体工质,膨胀容器处于真空状态。主容器内状态方程可以表示为

$$p_1 V_A = n_1 Z_1 RT \tag{6-23}$$

第 2 次膨胀后,两个容器内的状态方程可以表示为

$$p_2(V_A + V_B) = n_1 Z_2 RT \tag{6-24}$$

同理,第 r 次膨胀前,主容器内的状态方程为

$$p_{r-1}V_A = n_{r-1}Z_{r-1}RT \qquad (6-25)$$

第 r 次膨胀后,2 个容器内的状态方程为

$$p_r(V_A + V_B) = n_{r-1}Z_rRT \qquad (6-26)$$

由式(6-25)和式(6-26)可得

$$\frac{p_{r-1}}{p_r} = \frac{V_A + V_B}{V_A}\frac{Z_{r-1}}{Z_r} \qquad (6-27)$$

将 2 个容器体积之和与主容器体积之比记为容积常数 N,即

$$N = \frac{V_A + V_B}{V_A} \qquad (6-28)$$

每次膨胀过程可以简化为

$$\frac{p_{r-1}}{p_r} = N\frac{Z_{r-1}}{Z_r} \qquad (6-29)$$

由式(6-29)易得

$$\frac{p_0}{p_r} = N^r\frac{Z_0}{Z_r} \qquad (6-30)$$

则第 r 次时的压缩因子可表示为

$$Z_r = N^r\frac{Z_0}{p_0}p_r \qquad (6-31)$$

记 $A = \dfrac{Z_0}{p_0}$ 为充气常数,因此,只要知道容积常数 N 和充气常数 A 就可以求得压缩因子 Z_r。再由式(6-20)便可得到气体比体积和密度。

6.2.3　实验装置及测量系统

本实验装置主要由测量装置本体、恒温槽 C、真空系统 E、待测样品 D 和计算机 F 等组成,如图 6-4 所示。测量装置本体由主容器 A、膨胀容器 B、铂电阻温度计 G、压力传感器及连接管线和阀门组成。在测试过程中,主容器 A 和膨

胀容器 B 浸没在水浴中。测量装置本体外壳填充保温材料,前后装有视窗方便观察。实验中的温度由恒温槽提供水浴进行控制。

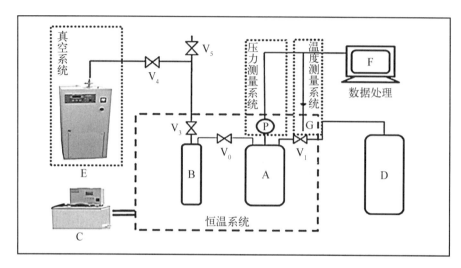

图 6‑4　PVT 测量实验装置示意图

6.2.4　实验步骤

（1）连接实验设备,接通循环水浴,调节实验温度。

（2）抽真空、润洗。关闭相关阀门,给整个装置(主容器、膨胀容器及管路)抽真空,使真空度达 10 Pa 以下,并保持至少 1 min。关闭真空阀,打开进样阀,加入少量实验气体对整个装置进行清洗,而后关闭进样阀,打开排样阀将气体排入大气。再次关闭相关阀门给整个装置抽真空到 10 Pa 以下,保持至少 1 min,再次润洗。以上清洗过程重复 2～3 次,随后关闭所有阀门。

（3）打开进样阀,建议气体进样压力约为 4 MPa,随后关闭进样阀。

（4）打开 PVT Measurement 软件,等到温度压力稳定后,记录此时的温度 T_0 和压力值 p_0。

（5）打开膨胀阀进行膨胀,等温度压力稳定之后,膨胀过程结束,记录此时的温度 T_1 和压力 p_1。关闭膨胀阀,打开排样阀,将膨胀容器中气体放出,随后关闭排样阀,打开真空阀对膨胀容器抽真空,使真空度达 10 Pa 以下,保持 1 min,随后关闭所有阀门。重复以上步骤,依次测量 p_2、p_3、…、p_r,通常重复 6 次或当主容器内压力低于 300 kPa 后,结束本实验。

6.2.5　注意事项

（1）实验前应进行预习，在充分理解测量原理后进行操作；

（2）操作阀门时应当用力平稳，避免用力过猛损害阀门密封面或阀门手轮；

（3）工质排气应通过排气阀排出，勿将工质直接排入真空机组；

（4）实验结束后，将装置内的水排空避免生锈。

6.2.6　数据处理方法

在求解容积常数 N 时，多采用文献中的经典表达式：

$$\frac{p_{r-1}}{p_r} = N + K(N-1)p_{r-1} \qquad (6-32)$$

利用最小二乘法对实验测得的一系列压力进行处理就可以得到 N 值。

对于充气常数 A，采用前面提到的压缩因子公式，即式（6-20），可以得到

$$Z_r = \frac{p_r v}{R_g T} = 1 + Bp_r + Cp_r^2 + Dp_r^3 + \cdots \qquad (6-33)$$

将式（6-33）代入式（6-31）可得

$$N^r \frac{Z_0}{p_0} p_r = 1 + Bp_r + Cp_r^2 + Dp_r^3 + \cdots \qquad (6-34)$$

式（6-34）可写为

$$N^r p_r = \frac{1}{A} + B'p_r + C'p_r^2 + D'p_r^3 + \cdots \qquad (6-35)$$

利用最小二乘法对实验测得的一系列压力值进行处理就可以得到 A 值。再结合式（6-31）和式（6-20）就可以得到不同压力下的气体比体积和密度。

6.2.7　数据记录与处理

完成表 6-2，并计算容积常数 N、充气常数 A、在不同状态下的气体压缩因子 Z 和对应状态下的气体密度。

表 6-2　实验数据记录表

膨胀次数 r	T/K	p/kPa
0		
1		
2		
3		
4		
5		
6		

6.2.8　思考题

(1) 分析实验中有哪些因素会带来误差?

(2) 压缩因子受什么参数的影响?

6.3　二氧化碳压力(p)-比体积(v)-温度(T)实验

本实验是根据范德瓦耳斯方程,采用等温的方法来测定二氧化碳 p-v 之间的关系,从而获得二氧化碳 p-v-T 之间的关系。实验过程涉及饱和状态、临界状态等重要概念。

首先在 p-v 图上分析二氧化碳的等温线。等温线即温度保持不变,测定压力与比体积的对应数值,即可得到等温线的数据。在不同温度下对二氧化碳气体进行压缩,将过程表示在 p-v 图上,即可获得二氧化碳 p-v-T 关系曲线。

6.3.1　实验目的

(1) 了解二氧化碳临界状态的观测方法,增加对临界状态概念的感性认识。

(2) 加深对纯流体热力学状态,如汽化、冷凝、饱和态和超临界流体等基本概念的理解。

（3）掌握二氧化碳的 p-v-T 关系的测定方法，学会用实验测定实际气体状态变化规律的方法和技巧，并在 p-T 图上绘出二氧化碳等温线。

（4）学会活塞式压力计、恒温器等热工仪器的正确使用方法。

6.3.2　实验装置及测量系统

实验设备由玻璃水套、玻璃毛细管、恒温水浴、活塞式压力计、温度传感器、压力传感器等组成，如图 6-5 所示。

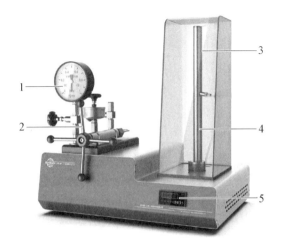

1—压力表；2—活塞式压力计；3—有机玻璃水套；4—玻璃毛细管；5—温度显示器。

图 6-5　二氧化碳 p-v-T 实验装置示意图

实验时，恒温水浴提供的恒温水从实验台本体玻璃水套下端口进口流入，上端口流出，反复循环。玻璃恒温水套维持了毛细管内气体温度不变，同时可以近似地认为玻璃管中所存在的二氧化碳的温度与此温度相同。实验中要缓慢调节活塞压力计，逐渐增大压力油室中的油压，使毛细管内的二氧化碳气体压缩。透过玻璃管可以看到气体压缩的过程。

二氧化碳气体压缩时所受的压力由实验台上的压力表读出，气体的体积由毛细管上的刻度读出，再经换算得到。

6.3.3　实验原理

范德瓦耳斯方程是用于描述实际气体的状态方程。1873 年范德瓦耳斯对

理想气体状态方程进行修正,提出实际气体状态方程:

$$\left(p+\frac{a^2}{v^2}\right)(v-b)=R_{\mathrm{g}}T$$

或
$$v^3-\left(b+\frac{R_{\mathrm{g}}T}{p}\right)v^2+\frac{a}{p}v-\frac{ab}{p}=0 \qquad (6-36)$$

式中:a、b 均为与气体种类相关的数值为正的常数,称为范德瓦耳斯常数;p、v 分别为实际气体的压力和比体积。

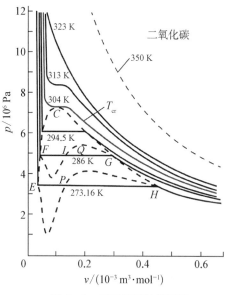

图 6-6 二氧化碳的等温线

范德瓦耳斯方程是比体积的一元三次方程,在 $p-v$ 图上以一簇等温线表示。

图 6-6 为二氧化碳的等温线图,从图中可见,当温度低于临界温度 T_{cr}(304 K)时,等温线中间有一段是水平线。这些水平线段相当于二氧化碳气体凝结成液体的过程。在点 H、G 等处开始凝结,到点 E、F 等处凝结完毕。温度等于 304 K 时等温线上不再有水平线段,而在 C 处有一个转折点。点 C 的状态即为临界状态,当温度大于临界温度时,等温线中不再有水平段,意味着压力再高,气体也不能液化。

由图 6-6 可见,在临界温度以上,与 1 个压力相对应的只有 1 个比体积值,即只有 1 个实根;在临界温度以下每个压力对应有 3 个比体积值,即 3 个实根。在这 3 个实根中,最小值是饱和液体的比体积,最大值是饱和蒸气的比体积,中间值没有物理意义。3 个实根相等的等温线上的状态点称为临界状态点,其曲线具有双拐点的特性,在数学上满足以下条件:

$$\left(\frac{\partial p}{\partial v}\right)_T=0,\ \left(\frac{\partial^2 p}{\partial v^2}\right)_T=0 \qquad (6-37)$$

6.3.4　实验步骤

(1) 打开电源开关,开启水套内灯带。

(2) 恒温水浴开启及温度调节。

① 打开循环开关,观察水温情况,根据实验所需温度,在电控箱设定循环水温度,将水加热至实验所需温度。

② 观察水套温度,当其读数与设定的温度一致时(或基本一致),则可(近似)认为承压玻璃管内的二氧化碳温度处于所标定的温度。

(3) 加压前的准备。

观察油杯内液压油容量,若油量过少及时添加,需要多次从油杯里抽油,再向主容器充油,才能使压力表显示压力读数。因此,在实验过程中应及时观察油杯内油量是否足够。压力台抽油、充油的操作过程非常重要,若操作失误,不但加不上压力,还会损坏实验设备。因此,务必认真掌握,其步骤如下。

① 关闭压力表及其进入本体油路的两个阀门,开启压力台上油杯的进油阀。

② 摇退压力台上的活塞螺杆,直至螺杆全部退出。此时,压力台油缸中抽满了油。

③ 先关闭油杯阀门,然后开启压力表和进入本体油路的两个阀门。

④ 摇进活塞螺杆,使本体充油。如此重复,直至压力表上有压力读数(约为 3 MPa)为止。

⑤ 再次检查油杯阀门是否关好,压力表及本体油路阀门是否开启。若均已调定后,即可进行实验。

(4) 测定毛细玻璃管二氧化碳质面比常数 K 值。

由于承压玻璃管内二氧化碳质量不便测量,而玻璃管内径或截面积(A)又不易测准,因而实验中采用间接办法来确定二氧化碳的比体积,认为二氧化碳的比体积v与其高度是一种线性关系。具体方法如下。

已知二氧化碳液体在 25 ℃、7.8 MPa 时的比体积$v = 0.001\,24\ \mathrm{m^3/kg}$,实际测定实验台在 25 ℃、7.8 MPa 时的二氧化碳液柱高度为 Δh_0(m)(注意玻璃管水套上刻度的标记法),则

$$v = \frac{\Delta h A}{m} = 0.001\,24\,(\mathrm{m^3/kg}) \tag{6-38}$$

$$\frac{m}{A} = \frac{\Delta h}{0.001\,24} = K\,(\mathrm{kg/m^2}) \tag{6-39}$$

式中：K 为玻璃管内二氧化碳的质面比常数。

在任意温度、压力下二氧化碳的比体积为

$$v = \frac{\Delta h}{m/A} = \frac{\Delta h}{K}\,(\mathrm{m^3/kg}) \tag{6-40}$$

式中：$\Delta h = h_0 - h$，h 为在任意温度、压力下水银柱高度，h_0 为承压玻璃管内径顶端刻度。

(5) 测定低于临界温度($t = 25\ \mathrm{℃}$)时的定温线。

① 将恒温器调定在 $t = 25\ \mathrm{℃}$，并保持恒温。

② 逐渐增加压力，压力为 4.0 MPa 左右(毛细管下部出现水银面)时开始读取相应水银柱上端液面刻度，记录第 1 个数据点。读取数据前，一定要有足够的平衡时间，保证温度、压力和水银柱高度恒定。

③ 提高压力约 0.3 MPa，达到平衡时，读取相应水银柱上端液面刻度，记录第 2 个数据点。注意加压时，应足够缓慢地摇进活塞，以保证恒温条件。水银柱高度应稳定在一定高度，不发生波动时，再读数。

④ 按压力间隔 0.3 MPa 左右，逐次提高压力，测量第 3、4、…个数据点，当出现第一小滴二氧化碳液体时，则适当降低压力平衡一段时间，使二氧化碳温度和压力恒定，以准确读出恰出现第一小液滴二氧化碳时的压力。

⑤ 注意此阶段，压力改变后二氧化碳状态的变化，特别是测准出现第一小滴二氧化碳液体时的压力和相应水银柱高度，以及二氧化碳液体中第一个小气泡产生时的压力和相应水银柱高度。上述两点压力改变应很小，要交替进行升压和降压操作，压力应按出现第一小滴二氧化碳液体和二氧化碳液体中第一个小气泡产生时的具体条件进行调整。

⑥ 当二氧化碳全部液化后，继续按压力间隔 0.3 MPa 左右升压，直到压力达到 8.0 MPa 为止(玻璃管最大承压压力应大于 8.0 MPa)。

(6) 测定临界参数，并观察临界现象。

① 测定临界等温线和临界参数，观察临界现象。

将恒温水套温度调至 $t = 31.1\ \mathrm{℃}$，按上述第 5 点的方法和步骤测出临界等温线。注意在曲线的拐点($p = 7.376\ \mathrm{MPa}$)附近，应缓慢调整压力(调压间隔可

为 0.05 MPa),以较准确地确定临界压力和临界比体积,并较准确地描绘出临界
等温线上的拐点。

② 观察临界现象。

a. 临界乳光现象。

保持临界温度不变,摇进活塞杆使压力升至 p_c 附近处,然后突然摇退活塞
杆(注意勿使实验台本体晃动)降压,在此瞬间玻璃管内将出现圆锥形的乳白色
的闪光现象,这就是临界乳光现象。这是由二氧化碳分子受重力场作用而沿竖
直方向分布不均和光的散射造成的。可以反复观察这个现象。

b. 整体相交现象。

在临界点附近时,汽化热接近于零,饱和蒸汽线与饱和液体线接近合于一
点。此时气液的相互转变不像临界温度以下时那样逐渐积累,需要一定的时间,
表现为一个渐变过程;而是当压力稍有变化时,气液是以突变的形式相互转化。

c. 气液两相模糊不清现象

处于临界点附近的二氧化碳具有共同的参数(p、v、t),不能区别此时二氧
化碳是气态还是液态。如果说它是气体,那么这气体是接近液态的气体;如果
说它是液体,那么这液体又是接近气态的液体。

下面用实验证明这结论。因为此时是处于临界温度附近,如果按等温过程,
使二氧化碳压缩或膨胀,则管内什么也看不到。按绝热过程进行,先调节压力处
于 7.4 MPa(临界压力)附近,再突然降压(由于压力很快下降,毛细管内的二氧
化碳未能与外界进行充分的热交换,其温度下降),二氧化碳状态点不是沿等温
线,而是沿绝热线降到两相区,管内二氧化碳出现了明显的液面。这就是说,如
果这时管内二氧化碳是气体的话,那么这种气体离液相区很近,是接近液态的气
体;当膨胀之后,突然压缩二氧化碳时,液面又立即消失了。可以得出:这时二
氧化碳液体离气相区也很近,是接近气态的液体;这时二氧化碳既接近气态,又
接近液态。因此,只能是处于临界点附近。临界状态流体是一种气液不分的流
体。这就是临界点附近气液两相模糊不清现象。

(7) 测定高于临界温度 $t=35\ ℃$ 时的定温线。

将恒温水套温度调至 $t=35\ ℃$,按上述第 5 点相同的方法和步骤进行。

6.3.5　注意事项

(1) 在实验过程中,恒温水浴控制温度不应超过 $50\ ℃$,活塞螺杆控制压力

不超过 10 MPa。一般压力间隔可取为 0.2～0.5 MPa，但在接近饱和状态及临界状态时，压力间隔应取为 0.05 MPa。

（2）严禁在气体被压缩的情况下打开油杯阀门，防止二氧化碳突然膨胀而逸出玻璃管，造成水银冲出玻璃杯。如要泄压，应慢慢退出活塞杆，使压力逐渐下降，执行升压过程的逆向程序。

（3）为实现二氧化碳的定温压缩和定温膨胀，除了保持流过恒温水套的水温恒定外，还要求压缩和膨胀过程进行得足够缓慢，以避免玻璃管内二氧化碳温度偏离管外恒温水套的水温。

（4）如果玻璃管外壁或水套内壁附着小气泡，妨碍观测，可通过放、充水套中的水，将气泡冲掉。操作时，取下亚克力防护罩，将水套上部的端盖轻轻拿下，水套内水位下降，装回端盖开启水浴循环，气泡可去除，如后续仍出现少许气泡往复此操作即可。操作应小心，不要碰到毛细玻璃管，以免损坏承压玻璃管和恒温水套。（警告：严禁在实验过程中，毛细玻璃管带压状态下进行此操作，毛细管在带压状态下极易破裂，造成设备损坏！）

6.3.6 数据记录及处理

按照 3 个实验工况（温度低于临界温度工况、温度等于临界温度工况、温度高于临界温度工况）进行实验，观察实验现象，并将实验相关数据及现象填入表 6-3 中。

表 6-3 实验数据记录表

	实验工况 1：温度＿＿＿临界温度，$t=$＿＿＿℃					
实验序号	压力 p/MPa	水银高度 h/m	顶端刻度 h_0/m	二氧化碳高度 Δh/m	二氧化碳比体积 v 10^{-3}/（m³/kg）	实验现象
1						
2						
3						
4						
5						

(续表)

| 实验工况 1：温度 ＿＿＿＿ 临界温度，$t=$ ＿＿＿＿ ℃ | | | | | | |
实验序号	压力 $p/$ MPa	水银高度 h/m	顶端刻度 h_0/m	二氧化碳 高度 $\Delta h/m$	二氧化碳 比体积 v $10^{-3}/(m^3/kg)$	实验现象
6						
7						
8						
9						
10						
11						
12						

6.4　蒸气压缩制冷循环实验

蒸气压缩制冷循环根据热力学第二定律通过消耗电功，达到制冷效果。单级蒸气压缩式制冷系统由压缩机、冷凝器、膨胀阀和蒸发器组成。其工作过程如下：制冷剂在压力温度下沸腾，低于被冷却物体或流体的温度；压缩机不断地抽吸蒸发器中产生的蒸气，并将它压缩到冷凝压力，然后送往冷凝器，在压力下等压冷却和冷凝成液体，制冷剂冷却和冷凝时放出的热量传给冷却介质（通常是水或空气），与冷凝压力相对应的冷凝温度一定要高于冷却介质的温度，冷凝后的液体通过膨胀阀或其他节流组件进入蒸发器。

6.4.1　实验目的

（1）了解制冷原理，增加对制冷循环概念的感性认识。

（2）观察制冷剂的蒸发和冷凝工作现象，加深对蒸气制冷循环原理的理解。

（3）加深对蒸发器和冷凝器之间的热功率与制冷系数等基本概念的理解。

（4）掌握制冷循环中蒸发、冷凝压力和温度测定方法，学会计算制冷循环性能系数（COP），并绘出理论制冷循环图。

6.4.2　实验装置及测量系统

实验设备由蒸发器、冷凝器、压缩机、节流阀、显示屏幕、温度传感器、压力传感器等组成,如图 6-7 所示。

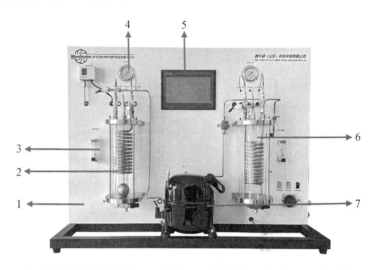

1—实验台主体支撑结构;2—冷凝器;3—流量计;4—压力表;5—显示屏幕;6—蒸发器;7—压缩机。

图 6-7　蒸气压缩制冷循环实验装置示意图

蒸发器中的制冷剂液体在低压低温下,从铜管中的冷却水吸收能量而蒸发,产生的低压制冷剂蒸气被压缩机吸入,经过压缩后成为高压的气体进入左边的冷凝器,制冷剂高压蒸气将热量释放于冷凝器铜管中的冷冻水,使制冷剂在冷凝器中凝结为液体。高压的制冷剂液体再经过节流阀,变成湿润的蒸气回到蒸发器中。

在整个制冷循环的过程中,通过屏幕能够实时对各个测点的状态进行监控,包括蒸发压力、冷凝压力、制冷剂流量、压缩机运行状态及各个测点的温度等。

本制冷循环实验系统使用的制冷剂是 R1233zd,通过视液镜可显示制冷剂的流动状态。

6.4.3　实验原理

制冷循环是将热量从低温热源吸取、向高温热源释放的热力学循环(见图 6-8)。根据热力学第二定律,进行这样的自发过程的逆向过程是需要付出代价的,因此必须提供机械能(或热能等),以确保包括低温热源、高温热源、功源(或向循环供能的源)在内的孤立系统的熵不减少。常见的制冷循环包括压缩式制冷循环、吸收式制冷循环、吸附式制冷循环等,以压缩蒸气制冷循环为主。

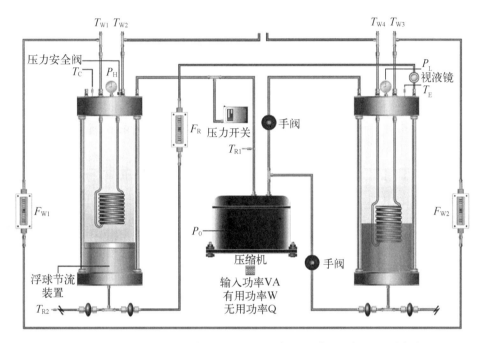

T_{R1}—压缩机排气温度;T_C—冷凝温度;T_{R2}—节流后温度;T_E—蒸发温度;T_{W1}—冷却水进口温度;T_{W2}—冷却水出口温度;T_{W3}—冷冻水进口温度;T_{W4}—冷冻水出口温度;P_H—冷凝压力;P_L—蒸发压力;F_R—制冷剂流量;F_{W1}—冷却水流量;F_{W2}—冷冻水流量;P_0—压缩机输入功率。

图 6 - 8 蒸气压缩制冷循环实验系统原理图

压焓(p-h)图是观察制冷循环的另一种方式,它的好处是用图表显示循环过程、制冷效果以及所需消耗的功。压焓图的作用主要为确定状态参数、表示热力过程、分析能量变化。

压焓图(见图 6-9)主要包括一点、两线、三区、五态、六参数,解释如下。一个临界点 K:两根粗实线的交点。在该点,制冷剂的液态和气态差别消失。两条饱和曲线:K 点左边的粗实线为饱和液体线,在该线上任意一点的状态均是相应压力的饱和液体;K 点的右边粗实线为饱和蒸气线,在该线上任意一点的状态均为饱和蒸气状态,或称干蒸气。三区:饱和液体线的左边是过冷液体区,该区域内的制冷剂温度低于同压力下的饱和温度;在饱和蒸气线的右边是过热蒸气区,该区域内的蒸气温度高于同压力下的饱和温度;湿蒸气区,即气液共存区。该区内制冷剂处于饱和状态,压力和温度为一一对应关系。五态:过冷液状态、饱和液状态、过热蒸气状态、饱和蒸气状态、湿蒸气状态。六线:等压线、等焓线、等干度线、等温线、等熵线、等容线。

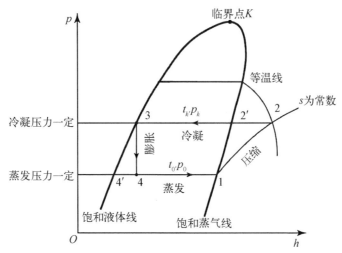

p_0—蒸发压力;t_0—饱和温度;p_k—等压线;t_k—饱和温度;1—压缩前状态点;2—压缩后状态点;2′—饱和蒸气;3—节流前状态点;4—节流后状态点;4′—饱和液体。

图 6-9 压焓图

在制冷机中,蒸发与冷凝过程主要在湿蒸气区进行,压缩过程则是在过热蒸气区内进行。

6.4.4 实验步骤

(1) 按照操作指导初始设置后,目视检查设备无明显损伤后开始实验。

(2) 将冷水机组进、出水口与恒温水槽的进、出水口连接,连接方式如下:冷水机组的出水口与恒温水槽的进水口相连接,而后将另外 2 个管口相接。将机组温度设置为 35 ℃规定值,防止温度过低,导致现象不明显,不易观察。

(3) 在冷水机组温度到达设定值后,打开设备上的压缩机运行开关;此时,压缩机开始工作,右侧的电磁阀开关处于关闭状态。

(4) 观察左侧冷凝装置中的液位高度,若液位过低,则继续保持电磁阀关闭,若液位过高,则打开电磁阀开关,开启循环,使左侧液位降低。

(5) 以上调节完毕后,调节通过蒸发器的冷冻水流量计上的阀门,使冷冻水达到较大流量。

（6）调节通过冷凝器的冷却水流量计上的阀门，使冷却水达到较大流量（本次实验设置为 3 L/min）。

（7）以上调节完毕后，先使设备循环运行一段时间，等各测量仪表参数稳定后准备记录实验数据。

（8）根据实验数据绘制相关曲线。

（9）关闭电源与各项开关，完成实验。

6.4.5　注意事项

电磁阀开或关对应为单程或循环过程，控制电磁阀的开关程度，即为控制蒸发制冷循环过程。

6.4.6　数据记录及处理

1）实验现象记录

实验现象记录于表 6 - 4。

表 6 - 4　实验现象记录表

现　象	蒸　发	冷　凝
图示		

2）实验数据记录

实验数据记录于表 6 - 5。

表 6 - 5　实验数据记录表

数　据　名　称	第一组	第二组	样本数据
压缩机输入电功率 Q/W			716
蒸发器冷冻水入口温度 $T_7/℃$			33.5

（续表）

数 据 名 称	第一组	第二组	样本数据
蒸发器冷冻水出口温度 T_8/℃			30.3
蒸发器冷冻水体积流量 q_v(L/min)			2

3）数据处理

数据处理如表 6-6 所示，蒸发器制冷功率与制冷系数相关公式如下。

表 6-6　数据处理

数 据 名 称	第一组	第二组	样本数据
蒸发器冷冻水密度/(g/m³)			995 000
蒸发器冷冻水质量流量 q_m/(g/s)			33.17
蒸发器制冷功率 Q_1/W			443.01
制冷性能系数 COP			0.62

（1）蒸发器制冷功率 Q_1：

$$Q_1 = q_m c_{pw}(T_7 - T_8) \tag{6-41}$$

（2）制冷性能系数 COP：

根据制冷系数的定义，COP 为制冷量与压缩机输入电功率之比。

如果仅考虑蒸发器，则系统制冷系数为

$$\varepsilon_{COP} = \frac{Q_1}{Q} \tag{6-42}$$

6.4.7　思考题

（1）压缩机的单位质量耗功如何计算？

（2）冷凝器的排气压力和冷凝压力哪个大？

（3）蒸发过程中单位质量制冷量如何计算？

（4）进行实验误差分析，说明可能造成实验误差的原因，提出某种适用的减少计算误差的方法。

（5）实验心得讨论。

6.5　朗肯循环实验

朗肯循环是一种将热能转化为功的热力学循环,是蒸汽轮机运行的基本原理,是指以水蒸气作为工作介质的一种实际的循环过程,主要包括等熵压缩、等压吸热、等熵膨胀及等压冷凝过程。具体表现为水在水泵中被压缩加压变成高压水,然后进入锅炉中定压加热,直至成为饱和/过热蒸汽后,进入汽轮机膨胀做功,做功后的湿/干蒸汽进入冷凝器被冷却凝结成冰,最后回到水泵中,完成一个循环。

6.5.1　实验目的

（1）通过朗肯循环实验,实现热能-机械能-电能的转换,加深对朗肯循环基本热力过程的理解。

（2）测定朗肯循环的基本特性参数,如循环热效率、发电效率、汽耗率等参数,加深对朗肯循环基本概念和参数的理解。

（3）通过朗肯循环相关实验,理解可逆过程和不可逆过程、可逆循环和不可逆循环,掌握相对内效率的概念。

6.5.2　实验装置及测量系统

本实验台为朗肯循环实验台(蒸汽动力实验台),是一台可以演示朗肯循环的组成和工作原理、测定朗肯循环过程中的基本特性参数的实验台。该实验台包括朗肯循环的主要部件:蒸汽锅炉、高效涡轮发动机、冷凝器、补水箱和水泵。实验过程中的关键参数均可测量,包括冷凝压力、冷却水温度、涡轮机相关参数及发电功率等参数。

实验台的组成如图 6-10 所示。

6.5.3　实验原理

1）朗肯循环及其热效率

简单蒸汽动力装置流程如图 6-11 所示,其理想循环——朗肯循环的 $p-v$

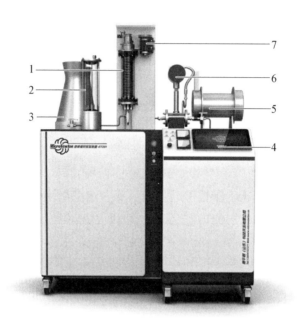

1—冷凝器;2—集水器;3—冷却塔;4—显示屏;5—锅炉;6—蒸气流量计;7—涡轮发电机。

图 6 - 10　朗肯循环实验装置示意图

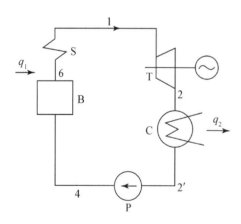

图 6 - 11　简单蒸汽动力装置流程图

图和 T-s 图如图 6 - 12 所示。图 6 - 11 中 B 为锅炉,燃料在炉中燃烧,放出热量,水在锅炉中定压吸热,汽化成饱和蒸汽,饱和蒸汽在蒸汽过热器 S 中定压吸热成过热蒸汽,过程如图 6 - 12 中 4 - 5 - 6 - 1 所示。高温高压的新蒸汽(状态 1)在汽轮机 T 内绝热膨胀做功,如过程 1 - 2。从汽轮机排出的做过功的乏汽(状态 2)在冷凝器 C 内等压向冷却水放热,冷凝为饱和水(状态 3),对应于过程 2 - 3,这是定压过程同时也是定温过程。冷凝器内的压力通常很低,现代蒸汽电厂冷凝器内压力为 4~5 kPa,其相应的饱和温度为 28.95~32.88 ℃,仅稍高于环境温度。3 - 4 为凝结水在给水泵 P 内的绝热压缩过程,压力升高后的未饱和水(状态 4)再次进入锅炉 B 完成循环。

图 6-11 与图 6-12 中各数字代表的状态如下：1—高温高压的新蒸汽；2—从汽轮机做过功的乏汽；2′—冷凝后的水（饱和时即为状态 3）；3—冷凝的饱和水；4—未饱和水；5—饱和水；6—饱和蒸汽；7—乏汽完全气化；8—乏汽完全液化。

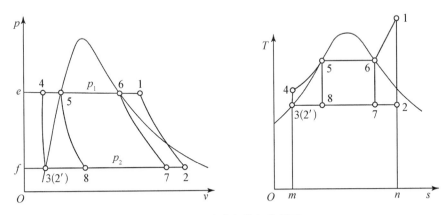

图 6－12　水蒸气的朗肯循环

2）朗肯循环主要参数

（1）朗肯循环热效率 η_t：

$$\eta_t = \frac{w_{\text{net}}}{q_1} = \frac{(h_1 - h_2) - (h_4 - h_3)}{h_1 - h_4} \tag{6-43}$$

（2）循环汽耗率 d_0［单位为 kg/(kW·h)］：

$$d_0 = \frac{3\,600}{w_{\text{net}}} = \frac{3\,600}{h_1 - h_2} \tag{6-44}$$

（3）循环热耗率 d_0［单位为 kJ/(kW·h)］：

$$q_0 = d_0 q_1 = \frac{3\,600}{\eta_t} \tag{6-45}$$

（4）标准煤耗率 b_0［单位为 g/(kW·h)］：

$$b_0 = \frac{123}{\eta_t} \tag{6-46}$$

6.5.4　实验步骤

1）朗肯循环实验装置主要操作步骤

（1）水泵给水：打开进水阀门，水泵向锅炉加水。

（2）到合适水位时水泵自动关闭。

（3）锅炉加热：水泵加水后电加热锅炉自动启动并加热，压力到达设定压力时自动停止加热。

（4）涡轮启动：调整凝汽器背压至设定压力，开启主蒸汽阀门，蒸汽进入涡轮，涡轮自行启动。

（5）涡轮运行：可通过调整主蒸汽压力及凝汽器背压调整涡轮转速，等待涡轮转速达到稳定值。

（6）关闭设备：依次关闭蒸汽开关、涡轮控制开关，关闭锅炉控制开关，关闭冷却水和各管道阀门。

2）朗肯循环演示实验

（1）锅炉达到预定压力时，打开锅炉隔离阀和锅炉蒸汽节流阀。

（2）打开冷却水流量计的调节阀，调节冷却水流量。

（3）调整涡轮出口背压为某一压力。

（4）缓慢打开涡轮前蒸汽节流阀，使蒸汽进入涡轮，涡轮开始旋转。

（5）继续增大涡轮节流阀开度，使涡轮转速达到 15 000 r/min 并稳定运行 2～3 min。

（6）观察负载单元中电流表和电压表指针的变化情况，观察负载灯泡亮度变化的情况。

6.5.5 实验数据

实验中记录生成 100 mL 凝结水所需时间，并由此计算蒸汽流量（使用蒸汽流量计测量并记录蒸汽流量），实验数据如表 6-7 和表 6-8 所示。

表 6-7 朗肯循环热效率实验数据

工况	排汽压力/ kPa	锅炉进水 温度/℃	出口蒸汽 温度/℃	锅炉表压/ kPa	电压表示数/ V	电流表示数/ A
1						
2						
3						

（续表）

工况	排汽压力/kPa	锅炉进水温度/℃	出口蒸汽温度/℃	锅炉表压/kPa	电压表示数/V	电流表示数/A
4						
5						

表 6‑8　蒸汽流量测定实验数据

工　况	100 mL 冷凝水所需时间/s	体积流量/(mL·s⁻¹)
1		
2		
3		
4		
5		

同时，记录主蒸汽温度，查阅水蒸气焓熵图获得锅炉出口主蒸汽的比焓。

锅炉给水比焓计算公式为

$$h_W = t_W \times 4.186\,8 \tag{6-47}$$

输入功率计算公式为

$$W_{in} = (h_1 - h_W) \times q_m \tag{6-48}$$

式中：W_{in} 为输入功率；h_1 为主蒸汽比焓；h_W 为给水比焓；t_W 为给水温度；q_m 为蒸汽质量流量。

对于以上计算进行汇总，获得朗肯循环热效率实验数据，如表 6‑9 所示。

表 6‑9　朗肯循环热效率实验数据表

工况	排气压力/kPa	进水温度/℃	蒸汽温度/℃	进水比焓/(kJ/kg)	蒸汽比焓/(kJ/kg)	蒸汽质量流量/(g/s)	输入功率/W	输出功率/W	热效率/%
1									

（续表）

工况	排气压力/kPa	进水温度/℃	蒸汽温度/℃	进水比焓/(kJ/kg)	蒸汽比焓/(kJ/kg)	蒸汽质量流量/(g/s)	输入功率/W	输出功率/W	热效率/%
2									
3									
4									
5									

从实验数据中可以看出来，随着排汽压力的降低，朗肯循环热效率会略微提高，主要原因是排汽温度降低，循环平均放热温度降低。

6.5.6　思考题

（1）为什么实验室朗肯循环的热效率很低？分析影响热效率的主要原因。

（2）分析实验室朗肯循环的主要不同之处，除已有的实验外，还可以对其开展哪些实验？

（3）对于理想朗肯循环，乏汽和冷凝水都处于饱和状态，其压力和温度是对应关系，在实验中为什么乏汽和冷凝水的压力和温度都需要测量？

（4）进行实验误差分析，说明可能造成实验误差的原因，提出某种适用的减少计算误差的方法。

（5）实验讨论及心得。

第 7 章
传热学实验

传热学是研究由温差引起的热能传递规律的科学。凡是有温度差的地方，就有热能自发地从高温物体传向低温物体，或从物体的高温部分传向低温部分（传递过程中的热能常称为热量）。由于自然界和生产技术中几乎到处存在着温度差，因此热量传递就成为自然界和生产技术中一种非常普遍的现象。

实验研究是传热学最基本的研究方法，传热学实验是传热学教学内容的重要组成部分。本章包含 6 个实验，分别为 1 个基础型实验(7.1 节)、5 个综合型实验(7.2～7.6 节)，涵盖了从温度传感器的制作及校验，到热对流、热传导、热辐射三大热传递方式，再到典型的传热学应用设备——换热器的性能测试。通过该系列实验，可加深学生对热现象的认知，以及对传热系数、热阻、角系数、傅里叶定律、斯忒藩-玻尔兹曼定律等基本概念和定律定理的理解，同时使学生掌握基本的传热学实验技能，及温度、热量等参数的常用测量方法，加强其动手实践能力和分析解决实际问题的能力。

7.1 热电偶的制作及校验实验

热电偶是科学研究及工业生产中常用的测温元件，应用极为广泛，它具有结构简单、制造方便、测量范围广、精度高、惯性小和输出信号便于远传等许多优点，常被用于测量炉子、管道内的气体或液体的温度及固体的表面温度。

7.1.1 实验目的

（1）掌握热电偶测温技术的基本原理。

（2）掌握热电偶制作的基本方法。

（3）运用比较法对热电偶进行校验。

（4）了解热电偶分度表的使用。

7.1.2 实验原理

1）热电偶测温基本原理

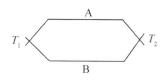

图7-1 热电偶测温回路

将2种不同材料的导体或半导体A和B焊接起来，构成一个闭合回路，如图7-1所示，当导体A和B的2个执着点1和2之间存在温差时，两者之间便产生热电势，进而在回路中形成电流，这种现象称为热电效应。热电偶就是利用这一效应来工作的。

2）热电偶使用特点

（1）测量精度高。热电偶直接与被测对象接触，不受中间介质的影响。

（2）测量范围广。常用的热电偶从$-50\sim+1\,600\,℃$可连续测量，某些特殊热电偶最低可测到$-269\,℃$（如金铁镍铬），最高可达$+2\,800\,℃$（如钨-铼）。

（3）构造简单，使用方便。热电偶通常由2种不同的金属丝组成，而且不受大小和开头的限制，外有保护套管，用起来非常方便。

3）热电偶的种类

常用热电偶可分为标准热电偶和非标准热电偶两大类。标准热电偶是指国家标准规定了其热电势与温度的关系、允许误差，并有统一的标准分度表的热电偶，它有与其配套的显示仪表可供选用。非标准热电偶在使用范围或数量级上均不及标准热电偶，一般也没有统一的分度表，主要用于某些特殊场合的测量。

我国从1988年1月1日起，热电偶和热电阻全部按IEC国际标准生产，并指定S、B、E、K、R、J、T这7种标准热电偶为我国统一设计型热电偶。表7-1所示是常用热电偶的测温范围。

表7-1 常用热电偶的温度范围

热 电 偶 名 称	允许温度/℃
S 型铂铑-铂	$0\sim1\,600$
K 型镍铬-镍硅	$-40\sim1\,300$

（续表）

热 电 偶 名 称	允许温度/℃
E 型镍铬-铜镍	−40～900
J 型铁-铜镍	−40～750
T 型铜-铜镍	−200～350

4）热电偶冷端的温度补偿

热电偶冷端温度补偿的方法有冰水法、恒温槽法和自动补偿法等，本实验采用自动补偿法。

7.1.3　实验要求及注意事项

1）热电偶的制作

用点焊的方法，利用热电偶点焊机制作热电偶，制作方法如图 7－2 所示。

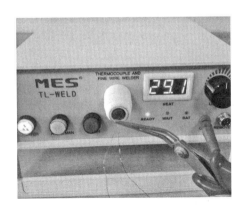

图 7－2　热电偶制作方法

制作注意事项包括如下几方面。

（1）制作中应注意正确操作方法，注意安全操作。

（2）调节电压最大不得大于 30 V。

（3）必须避免点焊工具直接接触。

（4）热电偶的 2 个电极的焊接必须牢固，焊点直径必须不大于 1 mm。

（5）2 个电极彼此之间应注意有很好的绝缘，以防短路。

（6）在完成点焊操作后，应及时将电源关闭。

2）热电偶的校验

本实验采用比较法进行热电偶校验。即被校验热电偶和上一级标准温度计同时测量同一对象的温度,然后比较两者读数值,经计算确定被校热电偶的基本误差。图 7-3 为热电偶标定实验装置示意图。

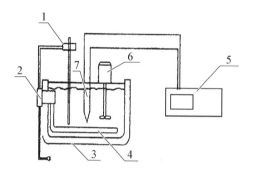

1—标准铂热电阻温度计;2—温度电子控制器;3—恒温器保温内胆;
4—电加热器;5—温度采集仪;6—电动搅拌泵;7—被测热电偶。

图 7-3　热电偶标定实验装置示意图

7.1.4　实验数据计算与整理

实验数据计算与整理步骤如下。

（1）实验数据记录。实验数据记录于表 7-2。

表 7-2　热电偶校验实验数据记录表

环境温度：_____℃

序号	测量点	实际测量值及相应电压						温度平均值	电压平均值	平均误差
	$t_1/℃$	$t_2/℃$	电压/mV	$t_2/℃$	电压/mV	$t_2/℃$	电压/mV	$t_{2ave}/℃$	V/mV	$\Delta t/℃$
1										
2										
3										
4										
5										

（2）做出热电偶标定拟合曲线图，即标准值（X）与测量值（Y）的关系曲线，得出实验误差。

（3）对误差的来源进行分析。

7.1.5　思考题

热电偶分度表给出的热电势是以冷端温度 0 ℃为依据的，当冷端温度不等于 0 ℃时，如何通过分度表得出实际温度？请根据 T 型热电偶分度表，结合中间温度定律，对该实验测量获得的 mV 值加以修正，并反推出温度值，与仪表测量值进行比较。

7.2　自然对流与强制对流传热特性实验

具有初始温度 T 的物体，被突然置于有确定温度的流场中，该物体与流场构成一个非稳态的传热体系。在这个非稳态传热体系中，包含着 2 个传热环节：一个是物体内部的导热；另一个是流体于物体边界的对流传热。其中影响对流传热的关键参数就是对流传热系数。

目前，在本科传热学实验中，通常采用稳态法测量对流传热系数。然而，稳态法对实验条件要求苛刻，需要长时间加热达到稳态，实验周期长，误差大，对于教学实验很不友好。在该实验中，采用的是非稳态法，通过测量实验对象在一定时间内的温降来求得对流传热系数。

7.2.1　实验目的和要求

本实验的主要目的是学习横置圆柱与周围空气之间的自然对流、强制对流传热特性，理解对流传热系数的计算和非稳态导热过程的特点。重点考察如下问题：

（1）计算平均对流传热系数；

（2）了解非稳态能量平衡，考察集中参数法是否适用于实验条件下的非稳态导热；

（3）测试风速对平均对流传热系数的影响；

（4）计算强制对流传热的无量纲参数表征。

7.2.2 基本原理

采用非稳态法进行对流传热系数的测量,实验如图 7-4 所示。毕渥数

图 7-4 对流实验示意图

$Bi < 0.1$ 时可以由集中参数法得到

$$hA(t - t_\infty) = -\rho c V \frac{dt}{d\tau} \quad (7-1)$$

式中:h 为传热系数,如果考虑辐射损失,需要计算辐射等效传热系数 $h_{rad}[W/(m^2 \cdot K)]$;A 为圆柱表面积;t_∞ 为环境温度;ρ 为圆柱密度;c 为圆柱比热;V 为圆柱体积。

可以得到圆柱温度随时间的变化规律:

$$\frac{\theta}{\theta_0} = \frac{t - t_\infty}{t_0 - t_\infty} = e^{-\frac{hA}{\rho c V}\tau} \quad (7-2)$$

通过记录壁面温度的变化,便可根据式(7-2)计算得到圆柱表面的传热系数。

加热圆柱在外部静止空气下进行自然对流冷却,大空间自然对流实验关联式参考以下形式。

$$Nu_m = C(GrPr)_m^n \quad (7-3)$$

式中:Nu_m 为由平均表面传热系数组成的 Nu,下角标 m 表示定性温度采用边界层的算数平均温度 $t_m = (t_\infty + t_w)/2$。Gr 中的 Δt 为 t_w 与 t_∞ 之差,体胀系数 $\alpha_V = 1/T$。

式(7-3)中的常数 C 与系数 n 由实验确定,它们与换热面的形状和位置、热边界条件及流态都有关系。表 7-3 为由大量实验数据确定的 C 和 n 的值,需要注意的是,需要先计算 Gr 的大小,才能选定合适的 C 和 n 的值。

在强制对流时,流体横掠圆管的平均表面传热系数可以根据下式进行计算:

$$\overline{Nu_D} \approx \frac{hD}{k} = CRe_D^n Pr^{1/3} \quad (7-4)$$

式中:C 和 n 的值如表 7-4 所示;定性温度为 $(t_w + t_\infty)/2$;D 为特征长度,对于横置圆管,特征长度为管的外径。

表 7-3　式(7-3)中的常数值

加热表面形状与位置	流动情况示意	流　态	系数 C 及指数 n		Gr 数适用范围
			C	n	
竖平板及竖圆柱		层流过渡湍流	0.59 0.029 2 0.11	1/4 0.39 1/3	$1.43 \times 10^4 \sim 3 \times 10^9$ $3 \times 10^9 \sim 2 \times 10^{10}$ $> 2 \times 10^{10}$
横圆柱		层流过渡湍流	0.48 0.016 5 0.11	1/4 0.42 1/3	$1.43 \times 10^4 \sim 5.76 \times 10^8$ $5.76 \times 10^8 \sim 4.65 \times 10^9$ $> 4.65 \times 10^9$

表 7-4　式(7-4)中的常数值

Re	C	n
0.4~4	0.989	0.330
4~40	0.911	0.385
40~4 000	0.683	0.466
4 000~40 000	0.193	0.618
40 000~400 000	0.026 6	0.805

7.2.3　实验平台介绍

　　该实验平台为模块化设计,实验装置主要包括风源系统、加热系统、数据采集系统 3 个大模块,实验对象为铝棒或不锈钢棒(表面均被抛光)。风源系统为一个具有一定整流功能的风洞,可以提供速度小于 10 m/s 的气流。加热系统主要是恒温干燥箱,可以均匀加热实验对象。数据采集系统包括温度传感器(学生自制并经过校验的热电偶)、NI 数据采集仪、LabVIEW 软件。建议 2~3 人为一个小组,学生需要根据实验要求和内容自行设计并搭建实验系统。

　　每个圆柱在恒温干燥箱里进行加热,然后放置在支架上,与周围空气进行对流传热。支架和圆柱的接触点采取了绝热措施,因此可忽略导热。强制对流实验时,圆柱与空气采用叉流方式,可通过调节风源系统改变气流速度重复实验(气流速度以实测为准)。在每个圆柱上安装热电偶,记录热电偶指示温度随时间的变化关系,平均对流传热系数即可确定。

圆柱在外部空气的自然对流或强制对流作用下进行冷却,温度由 70 ℃ 左右降到 50 ℃ 左右,保证 20 ℃ 的温降范围即可。外部空气的温度 t_∞ 为环境实测温度。

7.2.4　注意事项

(1) 恒温干燥箱的温度需控制在 100 ℃ 以下,以免烫伤。

(2) 取放圆柱切记佩戴隔热手套。

(3) 试件放好后,应先连接和打开数据采集系统,然后再开启风源。

7.2.5　实验步骤

每个小组只测量一种圆柱(同材料同尺寸)的数据。降温过程 20 K 左右即可。具体的实验过程参考如下。

(1) 将 3 根热电偶的冷端连接在 NI 数据采集仪上,打开计算机中的 LabVIEW 数据采集软件,调整软件设置,并进行试运行,确保数据采集系统正常,同时读取热电偶采集到的环境温度。

(2) 用隔热手套从恒温加热炉中取出加热后的圆柱,并搁置在支架上(支架与圆柱接触的部分做了绝热处理)。

(3) 将热电偶的热端通过耐高温绝缘胶带粘贴在圆柱表面。

(4) 首先进行自然对流传热,通过 LabVIEW 数据采集软件观察圆柱的温度降到 50 ℃ 以下,保存实验数据。

(5) 对于强制对流传热,利用叶轮式风速仪,将风洞的速度分别设置约为 6 m/s 和 4 m/s(以实测为准)。

(6) 取出重新加热后的圆柱,搁置在支架上(支架靠近出风口)并在表面粘贴好热电偶,观察圆柱的温度降到 50 ℃ 以下,保存实验数据。

(7) 待被测圆柱冷却后,利用工具(直尺、游标卡尺)测量其长度和直径。

(8) 切断相关设备电源,整理实验台,实验结束。

7.2.6　实验数据的计算与整理

记录 $\dfrac{\theta}{\theta_0} = \dfrac{t - t_\infty}{t_0 - t_\infty}$ 随时间变化曲线,以及 $\ln\dfrac{\theta}{\theta_0}$ 随时间变化的曲线。计算得到的数据整理成无量纲量,并与经验公式进行对比。

7.2.7　实验报告要求

利用测得的温度数据,计算准备工作部分里的各项计算参数,以及其他比较重要的参数。实验报告需包含以下内容。

(1) 详细描述根据温度数据得到平均传热系数 $\bar{h}$ 的计算过程。

(2) 画图表示圆柱温度随时间的变化关系。

(3) 讨论实验过程中观察到的几个重要现象。比如,对比强制对流气流速度对圆柱温度变化速率 $\mathrm{d}t/\mathrm{d}\tau$ 的影响。

(4) 根据流体横掠单管的实验关联式,分别计算自然对流和强制对流传热中的 $\overline{Nu_\mathrm{D}}$,进而得到 $\bar{h}_\mathrm{conv}$ 值,并与实验值进行比较和分析。

(5) 分析实验中的误差来源,以及它们对实验结果的影响。

(6) 分析讨论实验过程中的热平衡。

(7) 计算分析在实验数据处理中忽略热辐射的原因。

(8) 验证集中参数法模型是否适用。

7.3　热阻测量及肋片传热特性实验

热阻是传热过程中非常重要的概念,也是传热过程控制的主要对象,对其深入理解有利于实际传热问题的正确分析和热设计。延展体导热是增大传热量的一种非常常用的手段,其对传热过程的影响与热阻密不可分。

7.3.1　实验目的和要求

(1) 深入理解导热热阻、对流传热热阻。

(2) 计算得到有无延展体时的总热阻。

(3) 将热阻的概念应用于被加热表面及其所处的环境,并研究延展体表面对传热过程的影响。

7.3.2 基本原理

一个被电加热片加热的均热板,平板下部和边界均被很好地绝热,暴露的上表面被抛光。从风洞吹出的气流吹过被加热板的上表面,风的速度为 u,温度为 t_f。图 7-5 中为实验对象示意图。

图 7-5 无延展体时的实验示意图

整个装置处于稳态且不考虑表面热辐射的情况下,电加热量、平板导热量、平板上表面对流传热量三者相等,即 $Q_{电加热} = Q_导 = Q_对$。下面分 3 种情况进行讨论。

1) 无延展体时

$$Q_{电加热} = U \times I \tag{7-5}$$

$$Q_导 = -\lambda A_1 \frac{dt}{dx} \tag{7-6}$$

$$Q_对 = -hA_1(t_w - t_f) \tag{7-7}$$

$$R_导 = \frac{\delta}{\lambda A_1} \tag{7-8}$$

$$R_对 = \frac{1}{hA_1} \tag{7-9}$$

$$R_{tot} = R_导 + R_对 \tag{7-10}$$

式中:U 为电加热电压(本实验中设置小于 15 V);I 为电加热电流;λ 为真空腔均热板导热系数,12 000 W/(m·K);δ 为均热板厚度 1.5 mm;A_1 为均热板上表面面积;h 为对流传热系数;t_w 为均热板上表面温度;t_f 为空气流体温度。

当均热板上无圆柱棒延展体且装置处于稳态时,可由式(7-10)计算出总热阻。

2）有延展体时（假设 h 相等）

当上表面加 1 根和多根圆柱棒的延展体后，如图 7-6 所示，假设圆柱表面的传热系数和没有圆柱棒情况下的上表面传热系数相等，均为 h，则根据肋面效率公式可以得到总热阻。

$$\eta_{\mathrm{f}} = \frac{th(mH')}{mH'} \qquad (7-11)$$

$$m = \sqrt{\frac{4h}{\lambda_{\text{柱}} d}} \qquad (7-12)$$

$$\eta_{\mathrm{o}} = \frac{A_{\mathrm{b}} + \eta_{\mathrm{f}} \cdot N \cdot A_{\mathrm{f}}}{A_{\mathrm{o}}} \qquad (7-13)$$

$$A_{\mathrm{o}} = A_{\mathrm{b}} + N \cdot A_{\mathrm{f}} \qquad (7-14)$$

$$R_{\text{tot}} = R_{\text{导}} + R_{\text{对}} = \frac{\delta}{\lambda A_{1}} + \frac{1}{h \eta_{\mathrm{o}} A_{\mathrm{o}}} \qquad (7-15)$$

式中：η_{f} 为圆柱肋效率；$\lambda_{\text{柱}}$ 为延展圆柱体导热系数；d 为圆柱直径；A_{b} 为均热板上表面减去延展体的接触端面积；η_{o} 为整个表面肋面效率；A_{f} 为单个圆柱体表面积减去接触端面积；N 为延展体个数；A_{o} 为整个表面总面积。

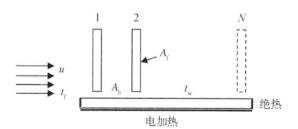

图 7-6 带有延展体的实验示意图

3）有延展体时（假设 h 不等）

当上表面加 1 根和多根圆柱棒的延展体后（见图 7-6），假设圆柱表面的传热系数和没有圆柱棒情况下的上表面传热系数不等，利用流体外掠等温圆柱的公式可以计算出圆柱表面的对流传热系数 $h_{\text{柱对}}$，进而计算出总热阻。

$$Re = \frac{ud}{\nu} \qquad (7-16)$$

$$Nu = CRe^n Pr^{1/3} \qquad (7-17)$$

$$h_{柱对} = Nu \frac{\lambda_{空气}}{d} \qquad (7-18)$$

$$R_{对} = \frac{1}{NA_f h_{柱对} \ \eta_f + hA_b} \qquad (7-19)$$

$$R_{tot} = R_{导} + R_{对} \qquad (7-20)$$

式中：ν 为定性温度下的空气运动黏度；$\lambda_{空气}$ 为空气导热系数；$h_{柱对}$ 为延展体表面传热系数。

7.3.3 实验平台介绍

该实验平台为模块化设计,实验装置主要包括风源系统、加热系统、数据采集系统 3 个模块,实验对象为平板 1 块、针肋 N 个。风源系统为一个具有一定整流功能的风洞,可以提供速度小于 10 m/s 的气流。加热系统主要为自制真空腔均热台,均热台通过直流稳压电源提供输入功率。数据采集系统包括温度传感器(学生自制并经过校验的热电偶)、NI 数据采集仪、LabVIEW 软件。建议 2～3 人为一个小组,学生需要根据实验要求和内容自行设计并搭建实验系统。

均热板的下部与电加热片紧密贴合且四周绝热,均热板表面温度通过热电偶进行测量,对流空气的速度和温度 t_f 可由风速仪读出。均热板尺寸及针肋尺寸通过尺子及游标卡尺测量得到。数据记录均应在稳态条件下(利用数据采集系统判断是否达到了稳态)。

7.3.4 注意事项

(1) 均热板易受损,切勿用力、用重物、尖锐物等破坏均热板。

(2) 均热板最高电压不超过 15 V,最高温度不超过 85 ℃。

(3) 注意防烫伤,必要时佩戴隔热手套。

7.3.5 实验步骤

(1) 打开计算机。

(2) 将均热板连接到直流电源 CH1 通道。调节直流电源电压为 14～15 V,电流至 2.9～3.2 A。

（3）均热板上粘贴热电偶。

（4）热电偶连接到 NI 数据采集仪。

（5）运行测试程序，选择 T 型热电偶，开始采集数据。

（6）加热均热板，均热板最高温度不超过 85 ℃。

（7）将均热板放置于风源前，按风洞控制箱变频器上的 RUN，调节频率至
20～25 Hz，风洞控制箱风速为 1.5～2 m/s，风的温度和速度通过风速仪测量。

（8）通过测量软件监测温度，待系统达到热平衡后，记录此时的输入电压、
输入电流，以及相关温度等参数。

（9）将一个小圆柱安装于薄板上表面，建议圆柱底部涂抹硅脂，以减小与薄
板之间的接触热阻。待温度稳定后，记录电压、电流、风速、相关温度等参数。

（10）将多个小圆柱安装于薄板上表面，待温度稳定后，记录电压、电流、风
速、相关温度等参数。

7.3.6　实验数据的计算与整理

将实验步骤（7）～（10）中的测量数据记录在表 7-5 中。

表 7-5　实验数据记录表

参数	测试数据 （无肋）	测试数据 （1 肋）	测试数据 （N 个相同材质肋）
电压（14～15 V）			
电流（2.9～3.2 A）			
风速			
空气温度			
均热板上表面温度			
圆柱上端面温度			
均热板厚度	1.5 mm		
均热板长度			
均热板宽度			

参数	测试数据 (无肋)	测试数据 (1肋)	测试数据 (N 个相同材质肋)
圆柱直径			
圆柱长度			
圆柱材质			

计算得到有无延展体时的总热阻。

7.3.7　实验报告要求

(1) 记录实验中所有测量参数的总结表。

(2) 计算无延展体时的总热阻。

(3) 假设圆柱表面的传热系数和没有圆柱棒情况下的上表面传热系数相等，计算有一个延展体及有 N 个延展体的总热阻。

(4) 假设圆柱表面的传热系数和没有圆柱棒情况下的上表面传热系数不等，计算有一个延展体及有 N 个延展体的总热阻。

(5) 讨论伸展体热物性是如何影响总热阻大小的。

(6) 给出热平衡分析。

(7) 讨论误差来源，以及这些误差是如何影响结果的。

7.4　热辐射综合实验

角系数和固体表面发射率是传热学中非常重要的概念和内容，也是热辐射过程控制的主要对象，对其深入理解有利于实际传热问题的正确分析和热设计。

7.4.1　实验目的和要求

(1) 深入理解角系数和表面发射率的特征及其影响因素。

(2) 采用热源，结合可调发射率红外测温仪，测量不透明材料波段法向发射率。

(3) 采用量热法，测量不透明材料的全光谱发射率。

（4）比较上述 2 个发射率的区别，并分析产生差别的原因或机理。

（5）采用热源，结合辐射热流计来实现对角系数的测量，并与理论计算值进行比较和分析。

7.4.2　实验设备

该自制实验平台主要由恒温辐射源、导轨机械臂，以及电源模块、伺服电机控制系统、数据采集系统（含红外测温仪、辐射热流计、热电偶及多通道数据采集仪）组成，如图 7-7 所示。

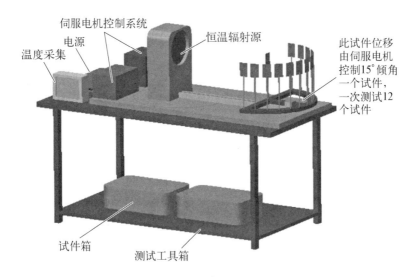

温度采集　电源　伺服电机控制系统　恒温辐射源　此试件位移由伺服电机控制15°倾角一个试件，一次测试12个试件

试件箱　测试工具箱

图 7-7　热辐射实验平台

其中，恒温辐射源的结构如图 7-8 所示，面板最高温度可达 1 000 ℃，辐射表面温度分布均匀，表面最大温差控制在±6 ℃以内。

接收板（试件）共分为 3 种表面类型，分别是亚黑、灰色和抛光，每块板表面上均安装有热电偶。导轨机械臂由伺服电机系统控制，可对试件进行定位。

7.4.3　基本原理和实现过程

7.4.3.1　不透明材料随温度变化的波段法向和角度发射率测量

采用恒温辐射源结合可调发射率红外测温仪测量不透明材料波段法向和角度发射率。目标波段发射率（法向）的测量公式为

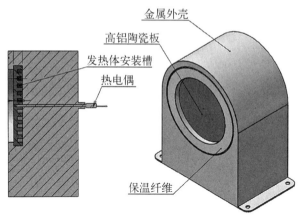

金属外壳
高铝陶瓷板
发热体安装槽
热电偶
保温纤维

主要技术参数
1. 最高温度：1 000 ℃
2. 额定功率：1.5 kW
3. 加热元件：首钢 HRE 高温丝
4. 炉体外壳：优质碳钢烤漆外壳
5. 保温材料：氧化铝陶瓷纤维
6. 均温性能：±6 ℃
7. 分体结构：炉体与控制器采用分体放置方式

图 7 - 8　恒温辐射源

$$\varepsilon = \frac{\varepsilon'(T_r^n - T_u^n)}{T_s^n - T_u^n} \tag{7-21}$$

实验具体操作步骤如下：

(1) 将试件搁置在热源法向方向的某一位置，试件中心与热源的中心在统一水平线上；

(2) 开启热辐射源，使之达到某一设定温度，再继续等待至试件温度恒定；

(3) 用热电偶测量试件表面温度 T_s 作为试件表面的真实温度；

(4) 用热电偶测量环境温度 T_u；

(5) 利用红外测温仪在设定发射率 ε_1' 条件下测量试件表面温度，得到试件表面温度测量值 T_{r1}；

(6) 将通过红外测温仪获得的试件表面温度测量值 T_{r1} 与相应的发射率设定值 ε_1'、试件表面的真实温度 T_s 及环境温度 T_u 代入式(7-21)中，即可计算出设定发射率条件下对应的试件表面波段发射率测量值 ε_1；

(7) 画出 $T_{r1} \sim \varepsilon_1$ 曲线，得到发射率随温度变化的关系；

(8) 重复上面过程 3 次，并对所得曲线进行平均，得到更准确的该试件表面发射率随温度的变化关系。

7.4.3.2　不透明材料全光谱半球发射率测量(量热法)

标准的量热法分为稳态量热法和非稳态量热法,不论是哪种量热法,都是将试件置于具有深冷壁面的真空舱内,以尽量减少空气对流、导热及环境壁面对试件散热的影响,确保热量都是经过热辐射的方式散失。本试验采用稳态量热法测量试件的全光谱半球发射率的计算公式为

$$\varepsilon = \frac{\varepsilon_0 Q_{rad,\ source} - Q_{cond,\ gas} - \sum Q_{cond,\ wire} - Q_{cond,\ specimen} - Q_{conv,\ gas}}{A\sigma(T_s^4 - T_w^4)}$$

$$(7-22)$$

式中:ε_0 为试件受热面发射率,测量时需要将该面涂黑,如果对精度要求不是很高的话,ε_0 可以近似看为 1,或者采用 3.1 节的方法测量;$Q_{rad,\ source}$ 为热源到达受热面的热流密度,采用辐射热流计测量;$Q_{cond,\ gas}$ 为环境气体导热量;$Q_{cond,\ wire}$ 为热电偶偶丝导热;$Q_{cond,\ specimen}$ 是试件温度不均导致的导热量;$Q_{conv,\ gas}$ 为环境气体的自然对流散热量;A 为试件单侧面积;σ 为黑体辐射常数;T_s 为试件测量面的温度;T_w 为环境壁面的温度。

为了保证热源的热流密度均匀地落到试件上,实验要注意两方面的问题:试件距离热源不能太远;试件尺寸不能太大,最好不要超过热源尺寸一半。另外,在实验过程中存在以下 7 个假设:

(1) 装置中热辐射的发射、吸收和反射都是漫反射(即不能近似为漫反射的固面无法采用该设备测量发射率);

(2) 与周围环境相比,被测试件的面积很小,测试环境周围固面最好是黑体,即发射率恒等于 1;

(3) 被测试件的发射率随波长变化很小或不发生变化(即近似为灰体);

(4) 忽略气体辐射热量 $Q_{rad,\ gas}$;

(5) 忽略气体导热量 $Q_{cond,\ gas}$;

(6) 忽略热电偶丝导热量 $Q_{cond,\ wire}$;

(7) 试件温度不均匀导致的热量散失 $Q_{cond,\ specimen}$ 的大小取决于导热系数和试件周围截面的散热情况,本试验采用薄片作为试件,四周截面的面积远小于两侧面积,这部分的散热可以忽略不计。

该实验具体操作步骤如下:

（1）将试件加工成合适尺寸的平板，并将一侧涂黑；

（2）在试件测量侧焊接适当组数的热电偶；

（3）打开黑体炉电源，设置一定温度，待黑体炉温度稳定后，用辐射热流计在搁置试件的位置（黑体炉正前方某一距离处）测量辐射热流密度，并记录数据，即为 $Q_{\text{rad, source}}/A$；

（4）测量环境壁面温度，比如墙壁的温度或在试件附近固壁的温度，即为 T_{w}；

（5）关闭热源，移走热流计，放置试件，涂层一侧面向热源；

（6）打开电源，待试件上的热电偶温度稳定后，记录温度，即为 T_{s}；

（7）根据竖直平板自然对流传热的准则数方程，计算自然对流传热量，即为 $Q_{\text{conv, gas}}/A$；

（8）利用式（7-22）计算试件在 T_{s} 下的全谱段半球发射率 ε；

（9）重复前面步骤，可以获得 ε-T_{s} 的曲线图；

（10）分析结果和影响因素。

7.4.3.3　角系数测量

表面 1 发出的辐射能中落到表面 2 的分数称为表面 1 对表面 2 的角系数，记为 $X_{1,2}$。采用角系数的定义公式结合热源和辐射热流计便可实现角系数的测量。

$$X_{1,2} = \frac{\text{热源发射的辐射能直接落到表面 2 上的部分}}{\text{热源发射的总辐射能}} = \frac{q \cdot A}{Q_{\text{source}}} \quad (7-23)$$

在讨论角系数时，通常基于 2 个假设：① 所研究的表面是漫射的；② 在所研究表面的不同地点上向外发射的辐射热流密度是均匀的。

实验操作步骤如下：

（1）在假设黑体面板温度分布均匀的前提下，采用热电偶测量黑体面板的温度，利用斯蒂芬-玻尔兹曼定律计算热源的发射热量；

（2）将半圆滑轨移动至某一距离，通过辐射热流计测量半圆滑轨上各个卡槽位置，以及与黑体面板圆心相同高出处的热流密度；

（3）通过直尺测出试件边长，计算出面积 A；

（4）通过改变滑轨与黑体炉之间的距离，按照上述步骤，得到各个角度（0°～180°）的角系数。

7.4.3.4　注意事项

（1）实验开始时，打开电加热器之前要先检查电线连接，确定没有隐患。

（2）注意核实热源温度，以免过热烧坏试件。

（3）在每个实验中，要与热源保持一定的安全距离，不要用手或身体的其他任何部位触碰热源。

（4）在每个实验结束后，先关闭电加热器，再整理所有实验用品。

7.4.3.5　实验报告要求

（1）对所记录的实验数据进行整理，并根据公式计算出实验结果。

（2）对实验结果的规律性进行分析。

（3）对实验误差和主要影响因素进行分析。

（4）针对思考问题给出讨论。

7.4.3.6　思考问题

（1）为了改善本实验的准确性，给出将采取的改进措施。

（2）角系数和辐射传递系数有何区别？用本实验系统可否测量辐射传递系数？

7.5　换热器综合实验

换热器是广泛采用的冷热流体交换热量的设备。目前，换热元件的结构形式繁多，其传热性能差异较大，在合理选用或设计换热器的过程中，传热系数是衡量其性能好坏的重要指标。该实验以应用较为广泛的 3 种间壁式换热器——钎焊板式换热器、缠绕管式换热器和套管式换热器为研究对象，对其传热性能进行测试、研究。

7.5.1　实验目的和要求

（1）描述 3 种换热器的结构特点和性能。

（2）画出 3 种换热器传热性能的测试循环图。

（3）计算顺流、逆流 2 种流动方式下换热器传热性能。

（4）计算流量、冷热温差改变对换热器性能的影响。

7.5.2 实验装置及设备

图 7-9 为综合换热器实验台全貌。

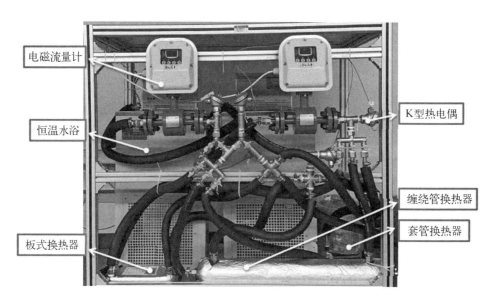

图 7-9 综合换热器实验台

1) 冷、热水源

设备如图 7-10 所示。

① 数控恒温槽(型号 THS-30H)。

温度可调:15~95 ℃。波动度:±0.05 ℃。

泵流量:13 L/min。功率:2 kW。制冷功能:无。

② 低温恒温槽(型号 THD-0530)。

温度可调:-5~100 ℃。波动度:±0.05 ℃。

泵流量:13 L/min。功率:2 kW。制冷功能:有。

2) 换热器

(1) 钎焊板式换热器是由一系列具有一定波纹形状的金属片叠装而成的一种新型高效换热器。各种板片之间形成薄矩形通道,通过半片进行热量交换。它与常规的管壳式换热器相比,在相同的流动阻力和泵功率消耗情况下,其传热系数要高出很多,在适用的范围内有取代管壳式换热器的趋势。

图 7-10 数控/低温恒温槽

图 7 - 11 为钎焊板式换热器及结构示意图,其规格型号为 B3 - 32A - 16,板片数为 16 片。其技术参数如下。

单片换热面积:0.032 m^2。

总换热面积:0.512 m^2。

板片间距:2.4 mm。

板片厚度:0.4 mm。

板片内流道宽度:113 mm。

制造材料:SUS304。

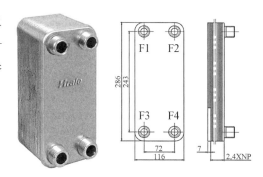

图 7 - 11　钎焊板式换热器及结构示意图

(2)缠绕管式换热器及结构如图 7 - 12 所示。

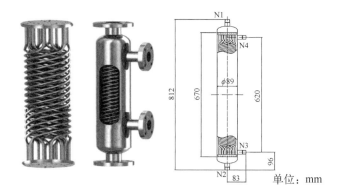

图 7 - 12　缠绕管式换热器及结构示意图

其技术参数如下。

总换热面积:0.6 m^2。

换热管规格:Ø8×1.0 mm。

换热管根数:12。

壳体规格:Ø89×2.0 mm。

(3)套管式换热器如图 7 - 13 所示,其换热面积为 0.56 m^2。

3)电磁流量计

型号:FBF8301(DN15)4013KLMC110。

仪表口径:DN15。

图 7 - 13　套管式换热器

流量范围：$0.1 \sim 1.2 \, \mathrm{m^3/h}$。

输出信号：脉冲信号。

仪表精度：0.5 级。

4）多通道数据采集仪

品牌：日本图技 GRAPHTEC。

型号：GL840。

整个实验装置的系统连接如图 7－14 所示。

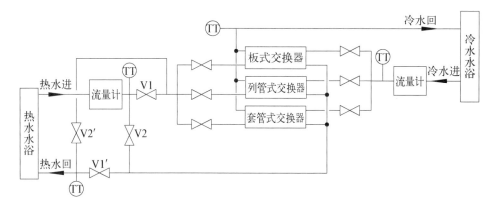

图 7－14   换热器综合实验台系统图

7.5.3   实验操作

1）实验前准备

（1）熟悉实验装置的工作原理和性能。

（2）打开所要研究的换热器相关阀门，关闭其他换热器阀门。

（3）确定研究工况（如顺流或逆流），正确连接管路。

（4）实验前将冷-热水箱充水，禁止恒温水浴无水运行。

2）操作步骤

（1）接通电源，分别设置冷、热恒温水槽的温度，启动循环水泵。

（2）在温度达到恒定的等待过程中，观察数据采集仪上热电偶的温度。

（3）冷、热水浴温度达到稳定后，开始记录换热器进、出口的温度数据，以及冷、热流的流量。

（4）如需改变工况，则需重新安排实验，进行上述类似操作，并记录数据。

具体操作步骤如下。

(1) 每台换热器的阀门完全打开,读出其顺流和逆流最大冷热水流量 $G_{冷max}$ 和 $G_{热max}$,并记录进出口温度,计算每台换热器的平均换热量,得出每台换热器在全流量下的总传热系数 K。

(2) 调整各换热器的进口阀门,使换热器顺流和逆流的冷热水流量为 $\frac{2}{3}G_{冷max}$ 和 $\frac{2}{3}G_{热max}$,并记录进出口温度,计算每台换热器的平均换热量,得出每台换热器在 $\frac{2}{3}$ 流量下的每台换热器的总传热系数 K。

(3) 再次调整各换热器的进口阀门,使其顺流和逆流的冷热水流量为 $\frac{1}{3}G_{冷max}$ 和 $\frac{1}{3}G_{热max}$,并记录进出口温度,计算每台换热器的平均换热量,得出每台换热器在 $\frac{1}{3}$ 流量下的每台换热器的总传热系数 K。

(4) 将实验数据和计算数据填写至附表 7 - 6 中,并根据计算结果回答问题。

备注:根据换热器传热性能的影响因素,以小组为单位自主设计实验方案进行研究。

7.5.4　注意事项

(1) 换热器阀门开启要对应一台换热器,切换阀门时,先开阀门,再关已经开启的阀门。

(2) 读取温度数据时,通过最大值和最小值取平均值。

(3) 启动水浴时,先开启电源开关,再开启循环和制冷按键。

(4) 实验结束时,关闭水浴及仪表电源,清洁台面。

7.5.5　数据处理

1) 数据计算

热流体放热量为

$$Q_1 = \dot{m}_1 c (T_1 - T_2) \tag{7-24}$$

表 7 - 6 实验数据记录及计算表

流动方式	工况	换热器	换热器面积/m²	热水进口温度/℃	热水出口温度/℃	热水流量/(L/min)	热水换热功率/kW	冷水进口温度/℃	冷水出口温度/℃	冷水流量/(L/min)	冷水换热功率/kW	平均换热功率/kW	对数平均温压/℃	总换热系数 K/[kW/(m²·K)]
顺流	最大流量 G_{max}	板式换热器												
		缠绕管换热器												
		套管换热器												
	2/3 最大流量 G_{max}	板式换热器												
		缠绕管换热器												
		套管换热器												
	1/3 最大流量 G_{max}	板式换热器												
		缠绕管换热器												
		套管换热器												
逆流	最大流量 G_{max}	板式换热器												
		缠绕管换热器												
		套管换热器												
	2/3 最大流量 G_{max}	板式换热器												
		缠绕管换热器												
		套管换热器												
	1/3 最大流量 G_{max}	板式换热器												
		缠绕管换热器												
		套管换热器												

冷流体吸热量为

$$Q_2 = \dot{m}_2 c (T_4 - T_3) \qquad (7-25)$$

平均换热量为

$$Q = \frac{Q_1 + Q_1}{2} \qquad (7-26)$$

热平衡误差为

$$\Delta = \frac{Q_1 - Q_2}{Q} \qquad (7-27)$$

对数传热温差为

$$\delta t = \frac{\Delta T_{\max} - \Delta T_{\min}}{\ln\left(\dfrac{\Delta T_{\max}}{\Delta T_{\min}}\right)} \qquad (7-28)$$

总传热系数为

$$K = \frac{Q}{F \delta t_1} \qquad (7-29)$$

式中：c 为比定压热容，$4.2\ \mathrm{kJ/kg}$；$\dot{m}_1$、$\dot{m}_2$ 为质量流量，$\mathrm{kg/s}$；F 为换热面积，m^2。

2）性能曲线绘制及分析

（1）3 种换热器顺逆流传热性能曲线对比图。

（2）计算冷热流体在不同流量下的总传热系数，计算流体流量与不同换热器 K 的关系。

7.5.6　思考题

（1）换热器的传热量与传热温压、传热面积、传热系数的关系。

（2）分析换热器在进口流体参数基本一致的情况下，顺流和逆流对传热量的影响及原因。

（3）换热器内传热系数 K 与流体流量的关系，请根据实验结果拟合出传热系数 K 与流量的相关关系曲线。

（4）150 kg/h 的 10 ℃冷水需要加热，由 150 kg/h 的 30 ℃热水加热，请按照

你的实验结果,计算采用 3 种换热器在顺流和逆流 2 种情况下,热水被冷却后的出口温度(忽略散热量)。

(5) 请对实验结果进行误差分析。

7.6 气-液式翅片管换热器实验

气-液式翅片管换热器是一种高效、紧凑的换热设备,广泛应用于各种工业和生产领域中。其核心原理是通过将管束插入到气液两相流体中,利用翅片增大换热面积,实现 2 种流体之间的高效热量传递。

7.6.1 实验目的和要求

(1) 掌握翅片管束管外放热系数和阻力的实验研究方法。

(2) 掌握实验中测量温度、流量,压力等的方法。

7.6.2 实验内容

(1) 学习正确使用测温度、测压差、测流速等仪表。

(2) 测取管外放热和阻力的有关实验数据。

(3) 用威尔逊方法整理实验数据,求得管外放热系数的无因次关联式,同时,将阻力数据整理成无因次关联式的形式。

(4) 对实验设备、实验原理、实验方案和实验结果进行分析和讨论。

7.6.3 实验原理

根据相似理论,流体受迫外掠物体时的管外传热系数 h 与流速、物体几何形状及尺寸、流体物性间的关系可用下列准则方程式描述:

$$Nu = f(Re, Pr) \tag{7-30}$$

实验研究表明,流体掠过翅片换热器表面时,一般可将式(7-30)整理成下列具体的指数形式:

$$Nu_{\mathrm{m}} = CRe_{\mathrm{m}}^{n} \cdot Pr_{\mathrm{m}}^{n} \tag{7-31}$$

式中:c,n 均为常数,由实验确定,算术平均温度 $t_{\mathrm{m}} = \dfrac{1}{2}(t_{\mathrm{w}} + t_{\infty})$。

努塞尔准则为

$$Nu = \frac{hd}{\lambda} \qquad (7-32)$$

雷诺准则为

$$Re = \frac{ud}{\nu} \qquad (7-33)$$

普朗特准则为

$$Pr = \frac{\nu}{\alpha} \qquad (7-34)$$

式中：d 为特征尺寸，近似为翅片管换热器基管外径(0.01 m)；u 为流体平均温度下，管间最大流速，m/s；λ 为流体空气导热系数，W/(m · K)；α 为流体导温系数，m²/s；ν 为流体运动黏度(m²/s)；h 为壁面平均对流传热系数，W/(m² · K)；$h = \dfrac{Q}{F(t_w - t_\infty)}$；$t_w$ 为换热管表面平均温度，℃；t_∞ 为空气来流温度，℃。

鉴于实验中流体为空气，$Pr = 0.7$，故准则式可化成

$$Nu = CRe^n \qquad (7-35)$$

本实验的任务在于确定 C 与 n 的数值，首先使空气流速一定，然后测定 Nu 和 Re 准则中有关的数据：流体流量、进出风温度、进出热水温度、空气环境温度 t_f，孔板压差 Δp。至于表面平均对流传热系数 h 和流体空气流过实验管外最窄面处流速 μ 在实验中无法直接测得，可通过计算求得，而物性参数可在有关书中查得。得到一组数据后，可得一组 Re、Nu 值；改变空气流速，又得到一组数据，再得一组 Re、Nu 值；改变几次空气流速，就可得到一系列的实验数据，从而建立准则方程。

图 7 - 15 为翅片管换热器流速示意图。

7.6.4　实验装置

实验的翅片管束安装在一台低速风洞中，

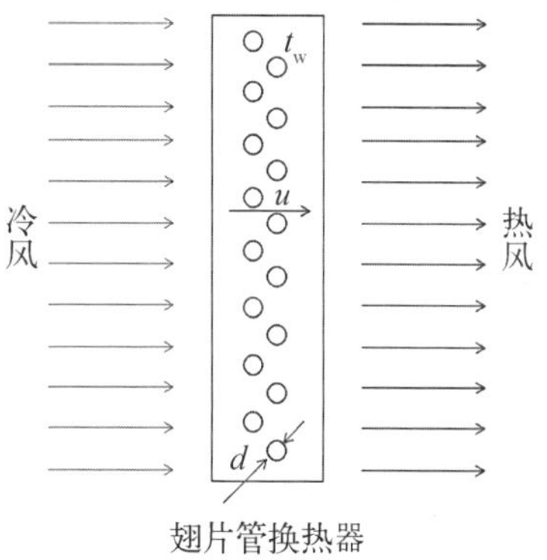

图 7 - 15　翅片管换热器流速示意图

实验装置如图 7-16 所示。试验由有机玻璃风洞、加热管件、风机、测试仪表等部分组成。

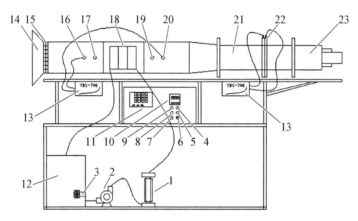

1—转子流量计;2—循环水泵;3—不锈钢加热装置;4—加热按钮;5—水泵按钮;6—风机调节旋钮;7—风机按钮;8—加热按钮;9—加热按钮;10—水箱加热控制;11—巡检仪;12—水箱;13—红油压差计;14—吸入段;15—整流栅;16—表冷器前静压孔;17—热电阻(测加热前空气温度);18—表冷器;19—热电阻(测加热后空气温度);20—表冷器后静压孔;21—流量测试段;22—孔板;23—引风机

图 7-16 实验装置示意图

有机玻璃风洞由带整流隔栅的入口段、平稳段、前测量段、工作段、后测量段、收缩段、测速段等组成。换热器内为热水,外侧为空气的换热。

翅片管为市面上常见的内部为铜管,外部串铝片类型的翅片管,测量翅片管换热器的进、出水温度。翅片管换热器试件简图如图 7-17 所示。

空气流的进出口温度由 PT100 进行测量,实验段进出口各装一支,以考虑出口截面上气流温度的不均匀性。空气流经翅片管束的压力降由红油压差计测量,管束前后的静压孔都是 4 个,均布在前后测量段的壁面上。空气流的速度和流量由安装在收缩段上的孔板和红油压差计测量。

装置参数信息列示如下。

换热器尺寸:20 cm×17.7 cm×4.2 cm。

换热器热水管道尺寸:外径 $d=1.0$ cm,长度 $L=21$ cm。

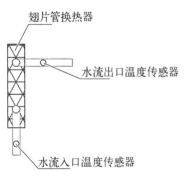

翅片管换热器

水流出口温度传感器

水流入口温度传感器

图 7-17 翅片管换热器试件简图

管道根数：$n=16$。

换热器散热面积：$F=1.3\ \text{m}^2$。

孔板前管道内径：$D=12.8\ \text{cm}$。

孔板流量计：孔板直径 $d=10\ \text{cm}$，流出系数 $C\approx0.6$，可膨胀性系数 $\varepsilon\approx0.993$。

7.6.5　实验操作

1）实验前准备

（1）熟悉实验装置的工作原理和性能。

（2）将试验装置移动到合适位置，并固定好。

（3）检查墙壁继电保护器是否开启。

（4）检查 380 V 插头是否牢靠插在墙壁电源插座上。

（5）检查红油压差计初始油标位置是否位于零点，如不在零点，请调零。直至油标位于零点。

（6）检查电热水箱内水净高是否大约位于 3/4 处。

2）操作步骤

（1）开启电箱旁边的继电保护器开关记录屏幕初始温度。

（2）设定水箱加热温度，建议设定范围为 40～60 ℃，不得超过 80 ℃。

（3）点击加热启动按钮（每个加热功率为 1.5 kW），在初始水温较低情况下，可以同时启动 3 个加热器。

（4）点击水泵启动按钮，缓慢调节水泵出口阀门，观察热水流量变化，建议初始流量设定在 300 L/h。

（5）在风量旋钮旋至最小时开启风机，然后旋转风机调节旋钮调节空气流量，观察右侧孔板红油压差计的读数变化，建议初始压差设定在 100 Pa。

（6）观察水箱温度变化，待水箱温度接近或者达到设定温度时，可以关闭 2 个加热器，只保留 1 个加热器开启状态，方便维持温度的稳定。

（7）在固定热水流量，改变空气流速的工况下，进行一组实验[5 个以上工况，推荐固定热水流量 200 L/h，空气流速设定（根据孔板压差）20 Pa、40 Pa、100 Pa、200 Pa、300 Pa]。

（8）在固定空气流速，改变热水流量的工况下，进行一组实验[5 个以上工况，推荐固定空气流速（根据孔板压差）100 Pa，热水流量设定 100 L/h、150 L/h、

200 L/h、250 L/h、300 L/h]。

（9）每种工况温度稳定后，记录温度巡检仪数据，压差计读数和水流量计读数等，分别填写到相应的数据记录表 7 - 7 和表 7 - 8 中。

7.6.6 数据记录及处理

数据处理可参考以下公式进行计算，并将不同工况的计算结果分别填写至表 7 - 9 和表 7 - 10 中。

当用气-液式翅片管换热器处理空气时，处理过程为等湿加热且只是显热的交换过程，主要取决于传热系数的大小。气-液式翅片管换热器的传热系数由下式确定。

空气获热量为

$$Q_1 = c_{pk} G_k (t_2 - t_1) \tag{7-36}$$

热水放热量为

$$Q_2 = c_{ps} G_s (T_1 - T_2) \tag{7-37}$$

平均换热量为

$$Q = \frac{Q_1 + Q_1}{2} \tag{7-38}$$

热平衡误差为

$$\Delta = \frac{Q_1 - Q_2}{Q} \times 100\% \tag{7-39}$$

传热温差为

$$\Delta t = \frac{(T_2 - t_1) - (T_1 - t_2)}{\ln \dfrac{T_2 - t_1}{T_1 - t_2}} \tag{7-40}$$

传热系数为

$$K = \frac{Q}{F \Delta t} \tag{7-41}$$

式中：c_{pk}、c_{ps} 分别为空气和水的比定压热容，J/(kg·K)；G_k、G_s 分别为空气和水的质量流量,kg/s。

$$G_k = \frac{C}{\sqrt{1-\beta^4}} \varepsilon \frac{\pi}{4} d^2 \sqrt{2\Delta p \rho_k}, \ \beta = d/D \qquad (7-42)$$

式中：C 为孔板流量计的流出系数,为不可压缩流体确定的表示通过孔板的实际流量与理论流量之间关系的系数；ε 为可膨胀性系数,考虑到流体的可压缩性所使用的系数；ρ_k 为空气密度,kg/m³；F 为换热器的散热面积,m²；Δp 为孔板压差,Pa。

1) 数据记录

室温_____℃,初始水温_____℃。

表 7-7　改变风速实验数据记录表

序号	进风温度/℃	出风温度/℃	进水温度/℃	出水温度/℃	腔体温度/℃	室内温度/℃	孔板压差/Pa	沿程阻力压差/Pa	热水流量/(L/h)
1									
2									
3									
4									
5									
6									
⋮									

表 7-8　改变水量实验数据记录表

序号	进风温度/℃	出风温度/℃	进水温度/℃	出水温度/℃	腔体温度/℃	室内温度/℃	孔板压差/Pa	沿程阻力压差/Pa	热水流量/(L/h)
1									
2									
3									

（续表）

序号	进风温度/℃	出风温度/℃	进水温度/℃	出水温度/℃	腔体温度/℃	室内温度/℃	孔板压差/Pa	沿程阻力压差/Pa	热水流量/(L/h)
4									
5									
6									
⋮									

2）数据处理

表 7 - 9　改变风速数据处理表

序号	热水放热量/W	空气获热量/W	平均换热量/W	传热温差/℃	空气质量流量/(kg/s)	水的质量流量/(kg/s)	传热系数/[W/(m² · K)]
1							
2							
3							
4							
5							
6							
⋮							

表 7 - 10　改变水量数据处理表

序号	热水放热量/W	空气获热量/W	平均换热量/W	传热温差/℃	空气质量流量/(kg/s)	水的质量流量/(kg/s)	传热系数/[W/(m² · K)]
1							
2							
3							

（续表）

序号	热水放热量/W	空气获热量/W	平均换热量/W	传热温差/℃	空气质量流量/(kg/s)	水的质量流量/(kg/s)	传热系数/[W/(m²·K)]
4							
5							
6							
⋮							

3）性能曲线绘制及分析

（1）以传热系数为纵坐标、空气流量为横坐标绘制传热性能曲线。

（2）以传热系数为纵坐标、热水流量为横坐标绘制传热性能曲线。

（3）以换热器阻力（压差）为纵坐标、空气流量为横坐标绘制换热器阻力性能曲线。

（4）根据改变空气流速实验，绘制 Nu 与 Re 关系曲线，通过拟合确定 C 和 n，建立准则方程。

7.6.7　注意事项

（1）停机时，先关闭全部电加热器开关，10 min 后关闭水泵、风机开关，将风机调节旋钮旋至最小，最后切断电源。

（2）热水温度不能超过 80 ℃，否则导致水泵因气蚀而不能正常工作。

7.6.8　思考题

（1）分析影响传热系数的因素。

（2）对结果进行误差分析。

（3）将阻力数据整理成无因次关联式形式。

（4）壁面平均对流传热系数 h 与传热系数 k 有什么不同？在本次实验中，是否认为两者可互相代替？

第 8 章
燃烧学实验

燃烧学是能源与动力工程、机械工程、航空航天工程等专业核心课程。燃烧学实验是燃烧学教学内容的重要组成部分。本章共有 6 个实验,分别为 4 个基础型实验(8.1~8.4 节)、2 个拓展型实验(8.5~8.6 节),包括面向基础理论的层流火焰燃烧实验及面向工程实际的旋流火焰燃烧实验,使学生掌握基本的燃烧实验技术和实验方法,加深对燃烧理论和燃烧规律的认知。值得一提的是,旋流预混火焰的基本燃烧特性、声波对旋流火焰形态和燃烧特性的影响这 2 个实验是国内首次面向本科生教学的旋流燃烧实验,旋流燃烧实验培训有助于学生认识和理解航空发动机等实际燃烧系统中的火焰传播和稳定现象,以及燃烧领域多年来的研究热点和难点——燃烧室多物理场耦合问题,从而为学生架起基础燃烧理论与实际燃烧系统的认知桥梁。

8.1 Bensun 火焰及 Smithell 法火焰分离

8.1.1 实验目的

(1) 观察 Bensun 火焰的圈顶效应、壁面淬熄效应及火焰外凸效应;燃料浓度对火焰颜色的影响;气流速度对火焰形状的影响等各种火焰现象。

(2) 了解本生灯火焰内外锥分离的原理和方法。

8.1.2 实验原理

预混合燃烧即动力燃烧,其机理是燃气与燃烧所需的部分空气进行预先混合,燃烧过程在动力区进行,形成的火焰称为 Bensun 火焰。当燃料和空气流量调节到化学当量比时,本实验台上即能出现稳定的 Bensun 火焰,其内锥为蓝绿色的预混火焰,外锥为淡黄色的扩散火焰。同时,能观察到火焰的圈顶效应、壁面淬熄效应(死区)及火焰外凸效应。改变可燃气的混合比,可以观察到火焰颜色的变化。当空气浓度较低时,扩散火焰占主要部分,反应不完全炭颗粒被析出,火焰呈黄色;空气浓度增大后变成预混火焰,反应温度高,完全燃烧,火焰呈蓝色。富燃料的 Bensun 火焰可以用 Smithell 分离法进行内外锥分离。Bensun 火焰及 Smithell 火焰分离现象如图 8 - 1 所示。

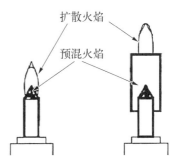

图 8 - 1　Bunsen 火焰及 Smithells 火焰分离现象

8.1.3　实验设备与燃料

实验设备包括小型空压机、稳压筒,Bensun 火焰实验系统,Ⅰ号长喷管(喷口内径为 7.18 mm 的细长喷管)、Ⅰ号玻璃管(细的石英玻璃管,本生灯火焰内外锥分离用)、点火器等,实验系统如图 8 - 2 所示。

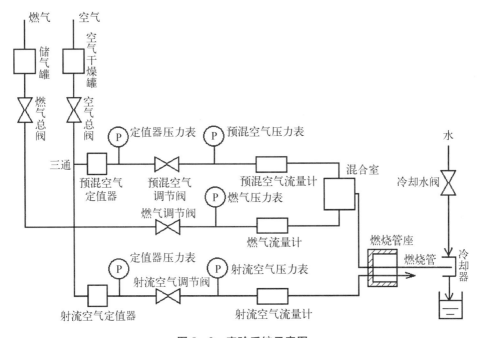

图 8 - 2　实验系统示意图

实验所用燃料为液化石油气(主要成分为丙烷),其主要性质如表 8-1 所示。

表 8-1　燃气的物理化学性质

燃料	主要成分	相对分子质量	液态密度/(kg/L)	沸点/℃	理论空气量	
丙烷	C_3H_8	44	0.54	−42.1	15.8 kg/kg	0.541 kmol/kg

自燃温度/℃	闪点/℃	燃料低热值/MJ/kg	汽化潜热/kJ/kg	混合气热值/kJ/m³	辛烷值	
					RON	MON
504	−73.3	46.39	426	3 490	96～111	89～96

8.1.4　实验步骤

(1) 按实验原理系统图,连接好各管路,装上Ⅰ号长喷管,并套上Ⅰ号玻璃管。

(2) 开启空气总阀和燃气总阀。

(3) 打开预混空气调节阀,使预混空气流量为一个合适值,然后打开燃气调节阀,至合适流量后,用点火器在喷管出口处点火,点燃后,再调节空气和燃气流量,使管口形成稳定的 Bensun 火焰。

(4) 观察 Bensun 火焰的各种现象、火焰颜色及火焰形状的变化。

(5) 观察不同空燃比下的火焰颜色、形状及稳定性变化。

(6) 火焰内外锥分离:调节预混空气流量,使预混空气稍显不足时,托起支撑环架,使玻璃外管升高,当外管口超过内管口时,火焰便移到外管口上;外管再升到一定距离,外锥仍留在外管口处,而内锥移至内管口燃烧,从而实现了火焰分离;玻璃外管继续升高,外锥被吹脱。

(7) 先关闭燃气和空气调节阀,再关闭空气总阀和燃气总阀,整理实验现场。

8.1.5　实验注意事项

(1) 实验台上的玻璃管须轻拿轻放,用完后横放在实验台里侧,以防坠落。

（2）燃烧火焰的温度很高，切勿用手或身体接触火焰及有关器件。

（3）燃烧完后的喷嘴口、水平石英管的温度仍很高，勿碰触，以防烫伤。

（4）在更换燃烧管时，手应握在下端，尽量远离喷嘴口。

8.1.6　数据处理

分别记录形成稳定的 Bensun 火焰及 Smithell 火焰分离时的燃气和空气的压力、流量，记录当地大气压和温度。

8.1.7　思考题

（1）计算液化石油气（丙烷）燃烧的理论化学当量比；并计算实验中 Bensun火焰及 Smithell 火焰分离时的空燃比。

（2）本生灯火焰的内外锥各是什么火焰？为什么？在什么情况下外锥比较明显？

（3）试解释稳定燃烧时本生火焰圈顶效应及管口淬熄区的形成原因。

（4）火焰分离时，为什么锥间距离增大后，外锥会被吹脱？

8.2　预混火焰稳定浓度界限测定

8.2.1　实验目的

（1）观测预混火焰的回火和吹脱现象。

（2）测定预混合火焰的稳定浓度界限。

8.2.2　实验原理

火焰稳定性是气体燃料燃烧的重要特性，在不同的空气/燃料比时，火焰会出现冒烟、回火和吹脱现象。本实验装置可以定量地测定燃料浓度对火焰传播稳定性的影响，从而绘制得到火焰稳定性曲线，如图 8-3 所示。

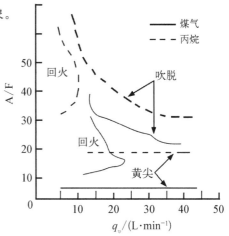

图 8-3　火焰稳定性曲线

8.2.3 实验设备与燃料

该实验主要设备包括小型空压机、稳压筒、Bensun 火焰试验系统、冷却水系统、Ⅱ号长喷管(较粗,相配的冷却器出口直径为 10.0 mm)、有机玻璃挡风罩,点火器。实验系统示意如图 8-2 所示。

实验所用燃料为液化石油气(主要成分丙烷),其主要性质如表 8-1 所示。

8.2.4 实验步骤

(1) 按实验原理系统图连接好各管路,装上Ⅱ号长喷管及冷却器(出口直径为 10.0 mm),接通循环冷却水。

(2) 罩上有机玻璃挡风罩,稍开冷却水阀,确保冷却器中有少量水流过。

(3) 开启空气总阀和燃气总阀。

(4) 打开预混空气调节阀,使预混空气流量为一个合适值,然后打开燃气调节阀,至合适流量后,用点火器在喷管出口处点火,点燃后,再调节空气和燃气流量,使管口形成稳定的 Bensun 火焰。保持燃气流量不变,缓慢调节预混空气流量,测定火焰回火、圆锥、吹脱和发烟时的燃气和空气参数。回火的贫富燃料线以管口形成平面火焰为界,发烟线以内锥刚刚出现黄尖为界,稳定燃烧以内焰为蓝绿色圆锥火焰为准,吹脱以火焰刚飘起来的瞬间为准。将出现上述现象时的燃气和空气的压力及流量记录于表 8-2 中。

(5) 改变燃气流量,重复上面的测量。做 3~5 组数据。

(6) 先关闭燃气和空气调节阀,再关闭空气总阀和燃气总阀,整理实验现场。

表 8-2 层流火焰稳定性的测定

燃料:<u>石油液化气</u>　　　室温:_____　　　当地大气压:_____

单位:压力(kPa)　流量(L/h)

序 号	黄 尖				回 火			
	燃 气		空 气		燃 气		空 气	
	压力	流量	压力	流量	压力	流量	压力	流量
1								

(续表)

序　号	黄　尖				回　火			
	燃　气		空　气		燃　气		空　气	
	压力	流量	压力	流量	压力	流量	压力	流量
2								
3								
4								
5								
6								
7								
8								

序　号	圆　锥				吹　脱			
	燃　气		空　气		燃　气		空　气	
	压力	流量	压力	流量	压力	流量	压力	流量
1								
2								
3								
4								
5								
6								
7								
8								

8.2.5　数据处理

（1）根据理想气体状态方程式（等温），将燃气和空气的测量流量换算成相同压力(如 0.1 MPa)下的流量。

(2)根据换算流量值计算各种情况下的空/燃比。空/燃比可以用体积比,也可以算成质量比。

(3)以空/燃比为纵坐标,输入燃气量为横坐标,绘制火焰稳定性曲线(稳定燃烧线、回火线、吹脱线及发烟线)。

8.2.6 思考题

(1)火焰的回火与吹脱现象是怎样发生的? 有什么危害? 如何防止这种现象发生?

(2)测定回火的浓度界限和发烟线界限时,应该如何调节空气和燃气流量? 为什么?

(3)预混火焰稳定浓度界限除了与燃料浓度有关外,还与哪些热物理参数有关? 定性分析它们的影响。

8.3 气体燃料的射流燃烧、火焰长度与燃气流量关系的测定

8.3.1 实验目的

(1)比较射流扩散燃烧与预混合燃烧的异同。

(2)观察贝克-舒曼(Burk - Schumann)火焰现象。

(3)测定层流扩散火焰高度与燃料流速、雷诺数之间的关系。

8.3.2 实验原理

气体燃料的射流燃烧是一种常见的燃烧方式,燃料和氧化剂都是气相的扩散火焰。与预混火焰不同的是:射流扩散火焰燃料和氧化剂不预先混合,而是边混合边燃烧(扩散),因而燃烧速度取决于燃料和氧化剂的混合速度,它是扩散控制的燃烧现象。

射流扩散火焰可以由本生灯试验系统关闭一次空气而得到,一般说扩散火焰颜色发黄,比预混火焰更明亮、更长,并且没有管内回火,燃料较富时易产生碳烟。

纵向受限同轴射流扩散火焰是研究和应用较多的一种火焰。将一根细管放

在一粗管(玻璃管)内部,使两管同心,燃料和氧化剂分别从两管通过。在管口点燃,调整燃料和氧化剂流量可以得到 Burk - Schumann 火焰。

当燃料低速从喷嘴口流出,在管口点燃,可以得到层流扩散火焰。层流扩散火焰长度与燃气体积流量正相关。

8.3.3　实验设备

该实验主要设备包括小型空压机、稳压筒,射流扩散火焰实验系统,Ⅰ号短喷管(较细,喷口内径 5.10 mm)及Ⅱ号短喷管(较粗,喷口内径 7.32 mm),Ⅱ号(中等直径,观察 Burk - Schumann 火焰现象及测定射流火焰长度用)及Ⅲ号石英玻璃套管(较粗,测定射流火焰温度用)。实验系统如图 8 - 2 所示。

实验所用燃料为液化石油气(主要成分丙烷),其主要性质如表 8 - 1 所示。

8.3.4　实验步骤

(1) 按要求连接好管路,装Ⅱ号短喷管。

(2) 开启空气总阀和燃气总阀,打开预混空气调节阀和燃气调节阀,输入燃气和预混空气,在喷口点燃,获得稳定的预混火焰。打开射流空气调节阀,使射流空气流量为 1 000 L/h 左右,罩上Ⅱ号玻璃套管,缓慢关小预混空气调节阀,同时继续打开射流空气调节阀,直至预混空气全部关闭,射流空气的流量达到 2 500~3 000 L/h。实现从预混燃烧到扩散燃烧的转变,观察火焰现象的变化。

(3) 将燃气调节阀稳定在某一位置,调节射流空气流量,观察并比较空气不足和空气过量的火焰现象。过量,则火焰明亮,成锥形,长度短;不足,则火焰暗红,变长,冒烟,最后呈碗形。

(4) 调节燃气流量,射流空气流量保持不变或稍做微调,以保证火焰的外形,用直尺测量不同燃气流量时的火焰高度。将结果记录在表 8 - 3 中。

(5) 关闭燃气和射流空气调节阀,换装Ⅰ号短喷管,参照步骤(2)的点火方式,形成稳定的射流火焰。改变燃气流量,测量不同燃气流量时的火焰高度。将结果记录在表 8 - 3 中。

(6) 关闭燃气和空气阀门,整理实验现场。

表 8 - 3　扩散火焰长度 h 与燃气流速的关系

大气压力：_____　　　温度：_____

项　目	Ⅰ号短喷嘴(内径 7.32 mm)									
	1	2	3	4	5	6	7	8	9	10
燃气流量/(L/h)										
燃气压力/kPa										
火焰高度/cm										
喷口燃气流速/(m/s)										
雷诺数										

项　目	Ⅱ号短喷嘴(内径 5.1 mm)									
	1	2	3	4	5	6	7	8	9	10
燃气流量/(L/h)										
燃气压力/kPa										
火焰高度/cm										
喷口燃气流速/(m/s)										
雷诺数										

8.3.5　数据处理

(1) 根据理想气体状态方程式(等温)，将燃气测量流量换算成喷管出口处压力(当地大气压)下的流量，并计算喷口处的燃气流速和雷诺数。

(2) 分别做出管Ⅰ和管Ⅱ的 $h - u_f$(火焰高度与燃气的喷口流速)曲线。

(3) 将管Ⅰ和管Ⅱ数据放在一起统一处理，做出火焰高度与燃气流量、流速的关系曲线。

(4) 将管Ⅰ和管Ⅱ数据放在一起统一处理，做出 $h - Re$ 的关系曲线。

(5) 针对实验结果，进行分析讨论。

8.3.6 思考题

（1）根据实验观察，分析射流扩散火焰主要特征，与预混火焰有哪些主要区别？

（2）当燃料输入量大时，火焰会大量冒烟，试分析原因。

8.4 静压法气体燃料火焰传播速度测定

8.4.1 实验目的

火焰传播速度（即燃烧速度）是气体燃料燃烧的重要特性之一，它不仅对火焰的稳定性和燃气互换性有很大的影响，而且对燃烧方法的选择、燃烧器设计和燃气的安全使用也有实际意义。

通过本次试验，要求学生熟悉静压法（管子法）测定火焰传播速度（单位时间内在单位火焰面积上所燃烧的可燃混合物的体积）的方法。了解火焰传播速度 u_0、火焰行进速度 u_p 和来流（供气）速度 u_s 相互之间的关系。

8.4.2 实验原理

在一定的气流量、浓度、温度、压力和管壁散热情况下，当点燃一部分燃气-空气混合物时，在着火处形成一层极薄的燃烧火焰面。这层高温燃烧火焰面加热相邻的燃气-空气混合物，使其温度升高，当达到着火温度时，就开始着火形成新的焰面。因此，焰面就不断向未燃气体方向移动，使每层气体都相继经历加热、着火和燃烧过程，即燃烧火焰锋面与新的可燃混合气及燃烧产物之间进行着热量交换和质量交换。层流火焰传播速度的大小由可燃混合物的物理化学特性所决定，所以它是一个物理化学常数。

过量空气系数（即空气消耗系数）对火焰燃烧温度的影响如图 8 - 4 所示，预热空气温度对火焰燃烧温度影响如图 8 - 5 所示，过量空气系数对火焰传播速度的影响如图 8 - 6 所示。

8.4.3 实验设备及原理图

实验系统示意图如图 8 - 7 所示。

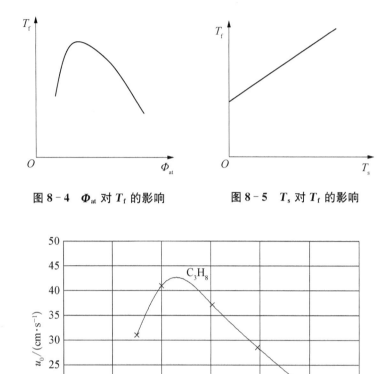

图 8-4 Φ_{at} 对 T_f 的影响   图 8-5 T_s 对 T_f 的影响

图 8-6 Φ_{at} 对 u_0 的影响

8.4.4 实验步骤

（1）开启空气总阀，开启燃气总阀。

（2）稍开预混空气调节阀及燃气调节阀，使石英玻璃管内充满一定浓度的燃气-空气可燃混合物。

（3）用点火枪在石英玻璃管出口端点燃可燃混合气（注意点火枪不能直接对着玻璃管中心，防止流动的可燃混合气对点火花的吹熄）；如点火不成功，则重新调整燃气和空气的流量，保证可燃混合物处在着火浓度范围内，直至点火成功。

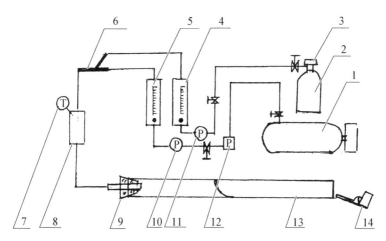

1—空压机;2—燃气罐;3—燃气阀;4—燃气流量计;5—空气流量计;6—引射管;7—温度计;8—稳压筒;9—可燃气进口端;10—空气压力表;11—燃气压力表;12—阀前空气压力表;13—石英玻璃管;14—点火枪

图 8-7 静压法测定气体燃料火焰传播速度试验台示意图

（4）观察石英玻璃管口的火焰形态。

（5）交替调节预混空气调节阀和燃气调节阀,使火焰稳定在管口燃烧,呈预混合火焰的特征。

（6）微调空气阀和燃气阀,使可燃混合气流量微量减小,导致石英玻璃管口火焰锋面朝着可燃混合气一侧缓慢移动。当火焰锋面基本置于石英玻璃管中间段位置时,微量调节空气流量阀门,使可燃混合气流量微量增大。当燃烧速度等于可燃气的来流（供气）速度时,火焰行进速度等于零,此时,火焰锋面在玻璃管中驻定静止不动。仔细观察火焰锋面的颜色、形状。需要注意的是:如果供气速度调节过大,会造成火焰脱火;反之,会造成回火而吹熄。此时,重复前面操作,直至燃烧火焰锋面在石英玻璃管中间段驻定。

（7）管内的火焰特征,在有条件的情况下用数码相机或摄像机拍摄管内的火焰形状。

（8）记录燃气、空气流量及压力,环境温度及当地大气压。

（9）关闭燃气和空气阀门,整理实验现场。

8.4.5 实验数据

记录产生定驻火焰时的实验数据（燃气压力、流量,预混空气压力、流量）,实验要求至少记录 2 组。

8.4.6 数据处理

根据理想气体状态方程式(等温),将燃气和空气测量流量换算成(当地大气压下)石英玻璃管口的流量,然后计算出混合气的总流量,求出可燃混合气在管内的流速 u_s(石英玻璃管内径 12.7 mm)。由于火焰锋面驻定时 $u_p=0$,可以近似认为火焰传播速度 u_0 等于来流速度 u_s。

8.4.7 思考题

(1) 静压法(管子法)观察到的火焰锋面有哪些特征?解释形成该火焰锋面形状的原因。

(2) 影响火焰传播速度的因素有哪些?并分析说明影响规律。

(3) 倘若石英玻璃管无限长且管内充满了可燃混合气,一端闭口,一端开口,在开口端点火,产生行进火焰,请描述将可能出现怎样的燃烧现象?

8.5 旋流预混火焰的基本燃烧特性

8.5.1 实验目的

(1) 了解旋流预混火焰的基本结构和旋流火焰的稳定机制。

(2) 在一定范围内,观察甲烷/空气预混气体流量和当量比对旋流预混火焰结构和燃烧特性的影响。

8.5.2 实验原理

预混火焰相对于扩散火焰具有混合特性好、温度均匀性高、污染排放低等优点。旋流器和钝体可以形成回流区使火焰在更低当量比下实现稳定燃烧,从而可以实现更低的 NO_x 排放量。燃料与空气预混当量比决定了火焰传播速度、燃烧温度及火焰自发光强度等重要参数,是实际燃烧过程中最重要的工况参数之一,改变流量和当量比的大小将对旋流预混火焰的结构和燃烧特性产生显著影响。

8.5.3　实验装置

设备包括小型空气压缩机、气体流量控制器、旋流火焰燃烧系统、点火器等。实验系统图如图 8-8 所示。

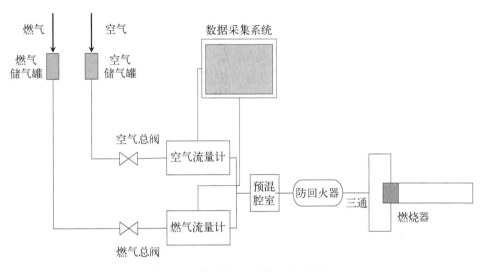

图 8-8　旋流燃烧特性实验系统图

燃料为甲烷,其物理化学性质如表 8-4 所示。

表 8-4　燃气的物理化学性质

燃料	主要成分	相对分子质量	液态密度/(kg/L)	沸点/℃	理论空气量	
甲烷	CH$_4$	16	0.42	−161.5	17.2 kg/kg	0.593 kmol/kg

自燃温度/℃	闪点/℃	燃料低热值/(MJ/kg)	汽化潜热/(kJ/kg)	辛烷值	
				RON	MON
538	−188	50.16	511	105～115	140

8.5.4　实验步骤

(1) 打开工控机(计算机)上的流量控制器控制软件,确定点火流量和点火当量比。

（2）开启空气总阀和燃气总阀。

（3）将黑色铝板置于火焰一侧，可将手机安装在手机支架上，用于拍摄火焰形态。

（4）在工控机流量控制软件界面设置空气流量至预定值（按照流量计百分比设定）。

（5）在旋流喷嘴出口处打开点火器。

（6）在工控机流量控制软件界面设置天然气流量至预定值（按照流量计百分比设定）。

（7）观察不同当量比下火焰形状和燃烧稳定性的变化。

（8）在不同总流量下，不断降低当量比大小，直至熄火，记录熄火时的当量比。

（9）研究燃烧室限制域的影响，分别在开放无石英罩和有石英罩的环境下点燃火焰，观察相同当量比工况下火焰结构的变化情况，对比石英罩对火焰形态的影响。

（10）停止实验，首先将燃气流量控制器流量设定值置零，然后将空气流量控制器流量设定值置零。

（11）关闭空气总阀和燃气总阀，整理实验现场。

8.5.5　注意事项

（1）实验台上的玻璃管须轻拿轻放，用完后竖放在实验台里侧，以防坠落。

（2）燃烧火焰的温度很高，切勿用手或其他身体部位接触火焰及有关器件。

（3）燃烧后的喷嘴口、水平石英管的温度仍很高，勿碰触，以防烫伤。

（4）在更换燃烧管时，使用防烫手套，手应握在上端，并远离身体躯干和他人。

8.5.6　数据记录

记录工况条件，如混合物总流量、当量比、边界条件（开放或有限制域）等，拍摄火焰照片。建议拍摄不同工况的火焰时采用相同的相机参数（如曝光强度、光圈大小），火焰位置居中对称，对比不同工况条件下的火焰形态；给出一定流量和当量比范围内的贫燃熄火边界。

8.5.7　思考题

（1）旋流火焰的结构是什么样的？为什么会形成这种形状？

（2）旋流火焰如何实现稳定燃烧？

（3）燃烧工况如何影响旋流火焰的结构？

（4）石英罩对火焰结构有何影响？

8.6　声波对旋流火焰形态和燃烧特性的影响

8.6.1　实验目的

（1）观察声波作用下的火焰动态行为。

（2）在不同声波频率和振幅工况下，测量火焰放热率波动和燃烧噪声信号。

8.6.2　实验原理

在航空发动机、燃气轮机等能量密度高的旋流燃烧系统中，经常发生火焰放热速率波动与声场压力波动之间的相互作用。在燃烧系统中，火焰的非稳态燃烧会产生声学压力脉动，声学压力脉动在燃烧室内部传播会引发各类流动扰动，当流动扰动传播至火焰区域时对火焰放热过程产生扰动，导致火焰放热速率的波动。本实验使用扬声器产生主动声源，形成声波对火焰放热特性产生激励作用。

8.6.3　实验设备

设备：小型空气压缩机、旋流燃烧系统、流量控制器、扬声器、功率放大器麦克风等。实验系统如图 8-8 所示。

燃料：甲烷（物理化学性质如表 8-4 所示）。

8.6.4　实验步骤

（1）打开工控机（计算机）上的流量控制器控制软件，确定点火流量和点火当量比。

（2）安装麦克风元件，使其测量部位对准火焰。

（3）安装扬声器线路，包括扬声器、功率放大器、信号发生器。

（4）开启空气总阀和燃气总阀。

（5）将黑色铝板置于火焰一侧，可将手机安装在手机支架上，用于拍摄火焰形态。

（6）在工控机流量控制软件界面设置空气流量至预定值（按照流量计百分比设定）。

（7）在旋流喷嘴出口处打开点火器。

（8）在工控机流量控制软件界面设置天然气流量至预定值（按照流量计百分比设定）。

（9）打开工控机计算机数据采集软件界面，开启在线监测状态。

（10）打开光电倍增管和麦克风电源开关，调节光电倍增管增益旋流，观察数据监测画面。

（11）打开扬声器功率放大器，调节至合适电压大小。

（12）打开调节信号发生器，在一定范围内调节频率和电压，观察火焰形态变化，同时观察数据监测画面，点击保存数据选项。

（13）停止实验，首先将燃气流量控制器流量设定值置零，然后将空气流量控制器流量设定值置零。

（14）关闭空气总阀和燃气总阀，整理实验现场。

8.6.5　注意事项

（1）实验台上的玻璃管须轻拿轻放，用完后竖放在实验台里侧，以防坠落。

（2）燃烧火焰的温度很高，切勿用手或其他身体部位接触火焰及有关器件。

（3）燃烧后的喷嘴口、水平石英管的温度仍很高，勿碰触，以防烫伤。

（4）在更换燃烧管时，使用防烫手套，手应握在上端，并远离身体躯干和他人。

8.6.6　数据处理

（1）获得相同电压、不同频率及相同频率、不同电压下的火焰图像。

（2）获得不同电压和频率下的数据采集数据，使用快速傅里叶变换（FFT）方法处理麦克风信号数据，得到信号的频率和幅值。

8.6.7　思考题

（1）与稳定燃烧的火焰相比，受到声波激励的火焰，其燃烧状态会发生何种变化？

（2）声波激励的频率和幅值对火焰燃烧特性产生何种影响？

（3）试分析火焰在声波激励下发生形态改变的原因。

参考文献

［1］贾民平,张洪亭. 测试技术［M］. 北京：中国建筑工业出版社,2016：309-317.

［2］张子慧. 热工测量与自动控制［M］. 北京：中国建筑工业出版社,1996：11-15.

［3］刘方,翁庙成. 实验设计与数据处理［M］. 重庆：重庆大学出版社,2021：36-37.

［4］高明丽,冯红艳,王钰熙,等. 化学工程实验［M］. 2版. 合肥：中国科学技术大学出版社,2023：15-20.

［5］陈荣军,王刚,金雪尘. 工科物理实验［M］. 上海：上海交通大学出版社,2021：12-14.

［6］王魁汉. 温度测量实用技术［M］. 2版. 北京：机械工业出版社,2020：1-4.

［7］饶宇. 液晶热像传热测试技术［M］. 上海：上海交通大学出版社,2023：1-4.

［8］徐佳奇. 膜式温度传感器研制及其在温度测量中的应用［D］. 杭州：中国计量大学,2022.

［9］贺晓辉,张克. 压力计量检测技术与应用［M］. 北京：机械工业出版社,2021：1-7.

［10］曾麟,周四清,陈岳飞. 液体活塞式压力计量值修正模型研究［J］. 计量科学与技术,2024,68(4)：66-70,10.

［11］魏涛,赵鑫,杨勇. 压力计量技术的标准化发展与应用［J］. 中国标准化,2024(12)：162-164.

［12］佘世刚,李海峰,陈晟,等.超声波气体流量测量与泄漏检测技术研究［J］.传感器与微系统,2019,38(8)：122－125.

［13］黎星华.流速分布不均匀流场流量测量装置［D］.北京：华北电力大学,2019.

［14］梁国伟,蔡武昌.流量测量技术及仪表［M］.北京：机械工业出版社,2002：334－347.

［15］盛森芝,沈熊.流速测量技术［M］.北京：北京大学出版社,1987：45－59.

［16］俞小莉,严兆大.热能与动力工程测试技术［M］.3版.北京：机械工业出版社,2018：102－105.

［17］张师帅.能源与动力工程测试技术［M］.武汉：华中科技大学出版社,2018：124－127.

［18］陶文铨.传热学［M］.5版.北京：高等教育出版社,2019.

［19］童钧耕,王丽伟,叶强.工程热力学［M］.6版.北京：高等教育出版社,2022.

［20］（美）Stephen R T.燃烧学导论：概念与应用［M］.3版.姚强,李水清,王宇,译.北京：清华大学出版社,2015.